Faraidoon Rahmanzai
Shigeyoki Date

Super-plastyfikator z BFS & Cementem o działaniu termicznym

Faraidoon Rahmanzai
Shigeyoki Date

Super-plastyfikator z BFS & Cementem o działaniu termicznym

Efekt łączny

Wydawnictwo Bezkresy Wiedzy

Cover image: www.ingimage.com

This book is a translation from the original published under ISBN 978-613-9-86898-8.

Publisher:
Wydawnictwo Bezkresy Wiedzy
is a trademark of
Dodo Books Indian Ocean Ltd., member of the OmniScriptum S.R.L Publishing group
str. A.Russo 15, of. 61, Chisinau-2068, Republic of Moldova Europe
Printed at: see last page
ISBN: 978-620-0-54818-4

Streszczenie

Stosowanie domieszek mineralno-chemicznych w betonie lub zaprawie jest typowym rozwiązaniem umożliwiającym osiągnięcie pełnego zagęszczenia głównie tam, gdzie dochodzi do zablokowania zbrojenia i braku wykwalifikowanych robotników. Superplastyfikatory (SP) stały się podstawowymi składnikami każdej projektowanej obecnie mieszanki betonowej. Na właściwości świeżego i utwardzonego betonu silny wpływ ma interakcja domieszek mineralnych i chemicznych; wiele czynników wpłynęło na to, że superplastyfikator rozprasza cząstki cementu w zaprawie. Rodzaj, rodzaj i ilość zastąpionego cementu żużlem, sposób mieszania, opóźnienie czasu dodawania oraz technika stymulacji cieplnej superplastyfikatora, powodują zróżnicowany wpływ na płynność i świeżość zaprawy w materiale cementowym.

Niniejsza teza badawcza została przeprowadzona w celu oceny wpływu stymulacji cieplnej dwóch typów nadplastyfikatora na bazie kwasu polikarboksylowego, gotowego (SP1) i wstępnie przerobionego (SP2) typu nadplastyfikatora (SP) z normalnym cementem portlandzkim (OPC), cementem o wysokiej wczesnej wytrzymałości (HESPC) oraz częściowego zastąpienia żużlu wielkopiecowego (BFS) 0%, 30%, 45% i 60%.

Zbadano świeżą i utwardzoną własność zaprawy murarskiej. Superplastyfikator (SP) ogrzewano w komorze termostatycznej w temperaturze 70°C przez 24 godziny, a 60°C przez godzinę, obserwując wynik na przepływie, stratach przepływu, zawartości powietrza, gęstości i wytrzymałości na ściskanie przy natychmiastowym i opóźnionym dodaniu superplastyfikatora. zwiększenie temperatury i czasu trwania domieszki w komorze termostatycznej oraz opóźnione dodanie domieszki powodują zwiększenie płynności i zawartości powietrza oraz straty przepływu. Z drugiej strony, zmniejszają gęstość i wytrzymałość zaprawy na ściskanie.

W związku z tym, zjednoczyć przepływ dla ogrzewanego i nieogrzewanego SP, i ocenić je. Zawartość powietrza, gęstość, były takie same, siła ściskania nieznacznie wzrosła, a straty przepływu nieznacznie się zmniejszyły. Ponadto, utrata przepływu miał wpływ na wiele czynników rodzaj cementu, rodzaj SP, stymulacja cieplna SP i ilość BFS. Technika stymulacji cieplnej SP z wykorzystaniem cementu HESPC nie zmienia świeżych właściwości zaprawy. Wytrzymałość na ściskanie HESPC została zwiększona w porównaniu z cementem OPC. Ponadto, poprzez zwiększenie ilości BFS zwiększono płynność i zmniejszono wytrzymałość na ściskanie oraz wpływ ogrzewania na płynność.

Ponadto, analizowano również wpływ czasu opóźnienia dodawania supraplastyfikatorów stymulowanych termicznie (SP). Metodę tę zastosowano do dwóch rodzajów nadplastyfikatorów polikarboksylowych na bazie kwasu polikarboksylowego (nadplastyfikator typu "ready-mix" (SP1) i nadplastyfikator typu "precast" (SP2)) w połączeniu z częściowym zastąpieniem zwykłego cementu portlandzkiego żużlem wielkopiecowym (BFS) o 30% stosunku woda-cement. Z drugiej strony badano płynność, zawartość powietrza, świeżą gęstość i wytrzymałość na ściskanie przez 7 dni 14 dni i 28 dni. Uzyskane wyniki wskazują, że czas dodawania i technika stymulacji cieplnej poprawiają płynność i zawartość powietrza oraz zmniejszają gęstość i nieznacznie obniżają wytrzymałość na ściskanie zaprawy.

Ponadto, żużel wielkopiecowy (BFS) poprawił płynność zaprawy, poprzez zwiększenie ilości BFS zmniejszono wpływ stymulacji cieplnej superplastyfikatora na płynność zaprawy. Dla porównania, przepływ zaprawy poprawił się z 5-minutowym opóźnieniem dla obu rodzajów SP, ale SP1 poprawił przepływ niż SP2 w każdym stanie. Co najważniejsze, punkty przejścia w obu typach SP wydają się być takie same, przy około 5±1 min. Poza tym optymalny czas dodawania SP do zaprawy powinien być w tym okresie.

Wyniki testów dynamicznego rozpraszania światła wykazały, że technika stymulacji cieplnej na superplastyfikatorze powoduje zwiększenie jego wielkości cząsteczkowej, co może zwiększyć dyspersję cząstek cementu. Uznano, że efekt dyspersji został poprawiony poprzez rozciąganie i rozpad cząsteczki polimeru przez podgrzewanie, poprzez skuteczną adsorpcję każdej cząsteczki na powierzchnię cementu. Głównym składnikiem domieszki jest polimer dyspersyjny i zachowawczy, a typ PC ma mniejszą zawartość polimeru typu sustained release niż typ RMC hindrance i w konsekwencji zwiększa urabialność zaprawy i betonu.

Współczynnik wodno-cementowy wynosił 30%, a stosunek piaskowo-cementowy 2:1. Żużel wielkopiecowy (BFS) powoduje poprawę płynności zaprawy.

Słowa kluczowe: Żużel wielkopiecowy, Stymulacja cieplna, Dodatek opóźniający, Superplastyfikator, Płynność, Kwas polikarboksylowy, Zaprawa, beton, wielkość cząstek, strata przepływu, kondensacja powietrza, gęstość, wytrzymałość na ściskanie.

Spis treści

Lista skrótów

PC	: Polikarboksylowe pochodne
PA	: Poliakryl
PM	: Polimalic
CA	: Kopolimery estrów akrylowych
PAE	: Eter poliakrylowy
PC	: Na bazie kwasu polikarboksylowego
PCAE	: Eter kwasu polikarboksylowego
SP	: Superplastyfikator
ACI	: Amerykański Instytut Betonu
JIS	: Japońskie standardy przemysłowe
PC	: Prefabrykat betonowy
RMC	: Beton towarowy
DLS	: Dynamic Light Scattering
UPV	: Ultrasonic Pulse Velocity
OPC	: Zwyczajny Cement Portlandzki
HESPC	: Cement o wysokiej wczesnej wytrzymałości
BFS	: Cholerny piec.
SSD	: Powierzchnia nasycona sucha
SMF	: Sulfonowany formaldehyd melaminowy
SNF	: Sulfonowany naftalen paraldehydu
PCES	: Ester polikarboksylowy

CSH	: Hydrat krzemianu wapnia
C2S	: Krzemian dwuwapniowy
C3S	: Krzemian triwapniowy
C3A	: Aluminian triwapniowy
C4AF	: Aluminofryt tetrakalciumowy
C	: Wapno
S	: Krzemionka
A	: Alumina
F	: Żelazo
T	: Tytan
M	: Magnesia
K	: Potas
N	: Sód
S	: Sulfur
H	: Woda

Podziękowania

Przede wszystkim jestem bardzo wdzięczny Allahowi za jego błogosławieństwo, które nadal płynie do mojego życia, a dzięki wam udało mi się tego dokonać wbrew wszelkim przeciwnościom losu.

Chciałbym wyrazić moją szczerą wdzięczność mojemu doradcy naukowemu Dr. Prof. Shigeyuki Date za ciągłe wsparcie moich studiów i badań, za jego cierpliwość, motywację, entuzjazm i ogromną wiedzę. Jego kierownictwo pomagało mi przez cały czas badań i pisania tej pracy. Chciałbym podziękować pozostałym studentom w laboratorium Prof. Shigeyuki Date za nieustanną pomoc w trakcie moich badań.

Chciałbym podziękować Wydziałowi Fizyki Uniwersytetu w Tokai, a w szczególności dr. prof. Rio Kicie i pozostałym studentom Wydziału, a w szczególności panu Shun Doi, za ich ciężką pracę i doświadczenie.

Chciałabym serdecznie i wdzięcznie podziękować moim rodzicom, za ich wiarę we mnie i za to, że pozwolili mi być tak ambitną, jak chciałam. To właśnie pod ich czujnym okiem zyskałam tak wiele zapału i zdolności do stawiania czoła wyzwaniom.

Podziękowania dla Japońskiej Agencji Współpracy Międzynarodowej (JICA) za udzielenie wsparcia finansowego podczas realizacji programu studiów magisterskich.

Dedykacja

Badania te dedykowane są moim szanowanym rodzicom, którzy pozostali stałym źródłem moich inspiracji podczas studiów i modlili się o mój sukces.

Chapter 1:- Wprowadzenie

1.1 Tło

Po mączce i wodzie, beton jest trzecim szeroko stosowanym materiałem na świecie, mieszanka betonowa zazwyczaj zawiera trzy wspólne części, takie jak cement portlandzki, piasek z kruszoną skałą i wodę. Ostatnio do nowoczesnego betonu dodaje się jeden lub więcej dodatków chemicznych lub mineralnych, a mianowicie domieszki, które zmieniają pewne właściwości betonu, takie jak jego urabialność, trwałość i czas utwardzania. Szacuje się, że obecne wykorzystanie betonu na świecie jest rzędu 11 miliardów ton metrycznych rocznie. Niektóre szczególne cechy betonu są powodem, dla którego stał się on najszerzej zużywanym materiałem. Po pierwsze, beton posiada godną podziwu odporność na wodę. Ta cecha betonu, aby oprzeć się działaniu wody bez poważnej degradacji uczynił go idealnym materiałem do budowy odpowiednich struktur do kontroli, przechowywania i transportu wody, ponieważ w przeciwieństwie do drewna i zwykłej stali nie wymaga uważnej konserwacji. W rzeczywistości, niektóre z najwcześniejszych znanych zastosowań tego materiału składały się z akweduktów i ścian oporowych zbudowanych przez Rzymian. Zastosowanie zwykłego betonu do budowy zapór, wykładzin kanałów i chodników jest obecnie powszechnym widokiem prawie wszędzie na świecie (P. Kumar Mehta i J.M. Monteiro). Drugim powodem szerokiego zastosowania betonu jest plastyczna konsystencja świeżego betonu lub nazywanego kamieniem płynnym i sztucznym, ta cecha umożliwia bezproblemową produkcję elementów z betonu konstrukcyjnego w różnych kształtach i rozmiarach. Jest to przyczyna, która umożliwia przepływ materiału do prefabrykowanych szalunków. Tania cena i dostępność betonu na placu budowy jest trzecią przyczyną renomy betonu w branży budowlanej. Podstawowe składniki betonu, w szczególności kruszywo, woda i cement portlandzki są stosunkowo tanie i zazwyczaj dostępne w większości części świata.

1.1.1 Zalety betonu jako materiału budowlanego są następujące

1. Beton jest na dłuższą metę ekonomiczny w porównaniu z innymi materiałami konstrukcyjnymi, z wyjątkiem cementu, może być wykonany z dostępnego lokalnie kruszywa grubego i drobnego.

2. Beton ma wysoką wytrzymałość na ściskanie, a efekty korozyjne i pogodowe są minimalne. Przy odpowiednim przygotowaniu jego wytrzymałość jest równa wytrzymałości twardego kamienia naturalnego.

3. Zielony beton może być łatwo przenoszony i formowany w dowolnym kształcie lub rozmiarze zgodnie ze specyfikacją.

4. Jest wytrzymały na ściskanie i ma nieograniczone zastosowania konstrukcyjne w połączeniu ze zbrojeniem stalowym, beton i stal mają w przybliżeniu takie same współczynniki rozszerzalności cieplnej. Beton jest szeroko stosowany do budowy fundamentów, dróg ściennych, lotnisk, budynków, konstrukcji zatrzymujących wodę, doków i portów, mostów zaporowych, silosów, itp.

5. Beton może być nawet natryskiwany i wypełniany drobnymi pęknięciami w celu naprawy w procesie gruntującym.

6. Beton może być pompowany, dzięki czemu można go układać również w trudnych miejscach.

7. Jest trwały i ognioodporny oraz wymaga bardzo niewielkiej konserwacji.

1.1.2 Wady betonu mogą być następujące

Beton ma niską wytrzymałość na rozciąganie i dlatego łatwo ulega pęknięciom. Dlatego należy go wzmocnić prętami stalowymi lub oczkami.

1. Świeży beton kurczy się po wyschnięciu, a stwardniały beton rozszerza się po zwilżeniu.

2. Beton poddawany ciągłym obciążeniom ulega pełzaniu, co powoduje zmniejszenie naprężenia wstępnego konstrukcji sprężonego betonu.

3. Beton może rozpadać się pod wpływem działania zasad i siarczanów.

4. Brak plastyczności właściwy dla betonu jest wadą w odniesieniu do odporności na trzęsienia ziemi.

Obecnie w nowoczesnej technologii betonowej opracowano nowe metody projektowe i konstrukcyjne w odpowiedzi na rozszerzenie zakresu eksploatacji i skali konstrukcji betonowych oraz szybki rozwój betonu o wysokiej wytrzymałości. Ponadto, wraz z budową w szczególnym środowisku i zmianą struktury społecznej, zabezpieczenie personelu budowlanego stało się trudne, środowisko otaczające beton stopniowo staje się surowe. Z tego powodu osiągi i technologie wymagane dla betonu stają się coraz bardziej zróżnicowane i wyrafinowane. Aby pokonać tę trudność, we współczesnych czasach do betonu używa się z reguły domieszek.

1.1.3 Redukcja wody

Wysokowydajny środek redukujący wodę lub superplastyfikator lub domieszki chemiczne o wysokiej wydajności redukcji wody i dobrych właściwościach zatrzymywania wody, projektowanie i obsługa betonu wysokowydajnego i samozagęszczającego się, stają się możliwe dzięki zastosowaniu szerokiej gamy tych domieszek chemicznych.

W latach 30-tych XX wieku opracowano podstawowe domieszki dyspersyjne. Od początku lat czterdziestych XX wieku Lignosulfoniany są znane jako podstawa domieszek redukujących wodę w USA i wszędzie indziej, ale w latach sześćdziesiątych XX wieku, wraz z natychmiastowym rozwojem sulfonowanych formaldehydów melaminy w Niemczech i podobnych pochodnych naftalenu w Japonii, domieszki superplastyfikatorów zaczęły być stosowane w bardziej kontrolowanych warunkach i w dużych ilościach.

Po wprowadzeniu przez japoński przemysł nowej generacji superplastyfikatorów w latach 90-tych XX wieku możliwy stał się rozwój wysokowydajnej technologii produkcji betonu, wraz z rosnącymi wymaganiami dotyczącymi zwiększonej wytrzymałości. Te superplastyfikatory to odpowiednie pochodne polikarboksylowe (PC), w szczególności pochodne poliakrylowe (PA) i polimaliczne (PM), polietery (PE), kopolimery kwasu akrylowego i estru akrylowego (CAE) oraz eter poliakrylowy (PAE).

Pomimo rozwoju przemysłu betonowego po zużyciu Superplastyfikatorów, nadal brak kompatybilności pomiędzy spoiwem a Superplastyfikatorami jest dużym problemem dla inżynierów.

Na przykład, przedawkowanie Superplastyfikatora może prowadzić do opóźnienia wiązania w każdym systemie cementowo-nadplastyfikatorów lub segregacji pomimo zmniejszenia granicy plastyczności i lepkości, jest to problem złego projektu. Jednak problemy z kompatybilnością pojawiają się nawet wtedy, gdy dobór materiału i konstrukcja są ewidentnie odpowiednie.

Istnieje wiele znanych i nieznanych czynników wpływających jednoznacznie na kompatybilność spoiwa i domieszki, skład i stopień rozdrobnienia cementu, rodzaj i dozowanie domieszki, czas dodawania domieszki do mieszanki. W ostatnich badaniach wpływ temperatury otoczenia na działanie Superplastyfikatorów jest znany, ale wciąż za mało badań związanych z wpływem temperatury na działanie domieszek.

1.1.3.1 *Zestawienia problemów*

W dzisiejszych czasach, pomimo różnorodności dostępnych na rynku produktów z zakresu superplastyfikatorów, dostępna jest również różnorodność rodzajów i produktów z zakresu cementu. Ze względu na szeroką gamę produktów na rynku cementów i domieszek chemicznych, czasami pojawiają się problemy związane z niekompatybilnością tych ważnych składników betonu.

Wielokrotnie dochodzi do niezgodności pomiędzy specyficzną domieszką chemiczną a typem cementu, który wcześniej był dobrze kompatybilny. Zjawisko to wskazuje, że charakter problemu jest skomplikowany, a inne czynniki, takie jak zmiana temperatury otoczenia, mogą mieć wpływ na kwestię kompatybilności, dlatego konieczne jest dalsze zrozumienie tego zagadnienia. Ponadto, betony wysokowydajne, które są obecnie powszechnie stosowane, prawie zawsze zawierają domieszki mineralne lub wypełniacze, na przykład opary krzemionki, popiół lotny i proszek wapienny. Przedtem komplikuje to fizjochemiczne zachowanie systemu opartego na cemencie, ponieważ domieszki mineralne odgrywają ważną rolę w ewolucji reakcji uwodnienia i dostępności wolnej wody we wczesnym wieku betonu.

1.1.3.2 *Współczynniki niezgodności nadplastyfikatorów cementowych*

Jama niekompatybilności mówi o przeciwstawnym wpływie na wydajność przy zastosowaniu specyficznej mieszanki cementu i domieszki. Najczęstsze problemy to szybkie wiązanie, opóźnione wiązanie, gwałtowny spadek wytrzymałości, niewłaściwy przyrost wytrzymałości, nadmierne pękanie itp. Te z kolei wpływają na właściwości mechaniczne betonu, głównie na jego wytrzymałość i trwałość.

Częstymi problemami, które pojawiają się w wyniku niekompatybilności domieszek cementu i superplastyfikatorów, są wyraźnie widoczna, szybka utrata urabialności, nadmierne przyspieszanie lub opóźnianie wiązania oraz niskie wskaźniki przyrostu wytrzymałości. Na niekompatybilność cementów i superplastyfikatorów wpływa kombinacja przyczyn, w tym skład cementu, rodzaj i dawkowanie domieszek, proporcje mieszanki betonowej itp.

W większości przypadków użytkownicy, którzy nie są świadomi problemów z niekompatybilnością, zazwyczaj cierpią z powodu zmiany źródła cementu lub domieszki dostarczanej w trakcie projektu. Aby przezwyciężyć takie problemy, stosują oni podejście prób i błędów w odniesieniu do tych substancji chemicznych, co często skutkuje niefortunnym, negatywnym doświadczeniem i/lub niską opłacalnością, co powoduje uprzedzenia wobec domieszek w ogóle.

Problemy odróżniające się od kwestii kompatybilności są często mylone z problemami z projektowaniem mieszanek betonowych, ze względu na brak informacji na ten temat wśród praktykujących inżynierów. Producenci mieszanek betonowych starają się przezwyciężyć ten problem, formułując specyficzne dla projektu środki chemiczne. Oczywiście jest to tylko tymczasowe rozwiązanie. Dla bardziej integracyjnego podejścia, konieczne jest dokładne zrozumienie przyczyn i środków zaradczych w przypadku niezgodności.

W badaniach tych badano wpływ ogrzewania na działanie domieszek nadplastyfikatorów w połączeniu z żużlem wielkopiecowym. W konsekwencji badano wpływ czasu dodawania opóźniacza nadplastyfikatora na świeże i mechaniczne właściwości zaprawy wysokowytrzymałej. Do oceny kompatybilności ogrzanego nadplastyfikatora, cementu i żużla wielkopiecowego zastosowano różne rodzaje cementu i nadplastyfikatora wadliwego.

Wpływ temperatury powinien być uwzględniony w projekcie mieszanki zaprawy i betonu, szczególnie w obszarach o wysokiej temperaturze w sezonie letnim. Zazwyczaj pojemnik do przechowywania domieszek znajduje się na zewnątrz, pod bezpośrednim nasłonecznieniem. Temperatura domieszki w zbiorniku magazynowym ulega podwyższeniu, co może zmienić charakterystykę i działanie superplastyfikatora. Hipoteza tego badania głosi, że temperatura może zmienić strukturę nadplastyfikatorów poprzez otwarcie zwojów łańcuchów bocznych nadplastyfikatora, a w konsekwencji większe rozproszenie cząstek cementu nastąpi w wyniku bardziej sterycznego utrudnienia przez wydłużone łańcuchy boczne. W związku z koniecznością kontroli warunków produkcji i wykonania betonu w celu zapewnienia jakości, konieczne jest uwzględnienie wpływu temperatury zewnętrznej na etapie projektowania, produkcji, transportu i realizacji.

1.1.3.3 *Niedobór danych*

Wstępne fazy nowych badań są uzależnione od informacji z podobnych badań w przeszłości. Zgodnie z istniejącymi danymi dotyczącymi wpływu temperatury na działanie domieszek superplastyfikatorów, po raz pierwszy stymulacja cieplna superplastyfikatora została przeprowadzona na uniwersytecie w Tokai i istnieje kilka danych w tym zakresie, dotychczasowi badacze badali wpływ temperatury na działanie superplastyfikatorów po zmieszaniu superplastyfikatorów z zaprawą, stosowali jedynie obróbkę cieplną na zaprawie zawierającej superplastyfikator.

Ze względu na innowacyjne podejście tych badań, nie było wystarczających danych na temat wpływu obróbki cieplnej na strukturę Superplastyfikatora i w konsekwencji na właściwości zaprawy i betonu.

1.2 Cele badawcze

1.2.1 Ponad wszystkie cele

Ogólnym celem niniejszej pracy magisterskiej jest zbadanie wpływu temperatury na działanie eteru na bazie kwasu polikarboksylowego (PC) i superplastyfikatorów na bazie kwasu polikarboksylowego (PCAE) w połączeniu z zastąpieniem cementu wadliwego żużlem wielkopiecowym i wynikającym z tego wpływem na świeże i utwardzone właściwości wysokowytrzymałego betonu lub zaprawy.

1.2.2 Cele szczegółowe

1. Badanie wydajności różnych rodzajów cementu i BFS na SP stymulowanych termicznie.

2. Aby zbadać wpływ czasu i temperatury ogrzewania na działanie SP

3. Ocena zmian w zawartości powietrza i świeżej gęstości betonu i zaprawy z ogrzewanymi i nieogrzewanymi SP.

4. Ocena wpływu różnych typów SP z wadliwą ilością zastąpionego żużla wielkopiecowego na świeże i utwardzone właściwości zaprawy.

5. Ocena zmian w strukturze (wielkości cząstek) i masie cząsteczkowej SP pod wpływem stymulacji cieplnej za pomocą testów SLS.

6. Badanie możliwych zmian w cieple nawodnienia cementu na skutek stymulacji cieplnej SP.

1.3 Zakresy:

Ta teza składa się z pięciu rozdziałów.

Rozdział 2. przedstawia przegląd literatury i podaje ogólne tło dotyczące domieszek do betonu, zaprawy i superplastyfikatorów. W rozdziale tym znajdują się również dane dotyczące badań związanych z wpływem obróbki cieplnej na wydajność SP. Na końcu rozdziału 2 zamieszczono również krótkie wprowadzenie do typów domieszek superplastyfikatorów oraz mechanizmu ich działania na cząstki cementu.

W rozdziale 3. przedstawiono program doświadczalny, zwięźle objaśniono procedury badawcze i podsumowano dane doświadczalne.

W rozdziale 4. przedstawiono wyniki programu badawczego, koncentrując się na wpływie stymulacji cieplnej SP różnymi rodzajami cementu OPC oraz różnej ilości BFS na świeże i utwardzone właściwości zaprawy. Wyjaśniono również wpływ techniki stymulacji cieplnej na strukturę (wielkość cząstek), masę cząsteczkową i wydajność domieszek superplastyfikatorów. Ponadto, w niniejszym rozdziale przedstawiono wpływ stymulacji cieplnej i opóźnionego dodawania SP na ciepło uwodnienia cementu portlandzkiego zwykłego o wysokiej wczesnej wytrzymałości oraz cementu żużlowego wielkopiecowego.

Chapter 2:- Przegląd literatury

2.1 Zastosowanie betonu jako materiału konstrukcyjnego

Beton jest zdefiniowany przez American Concrete Institute, Terminologia Betonu (ACI CT-13) jako "mieszanka cementu hydraulicznego, kruszyw i wody, z domieszkami lub bez domieszek, lub innych materiałów cementowych". Japońska Norma Przemysłowa (JIS A 0203:2014) definiuje beton jako "mieszankę cementu, wody, kruszywa drobnego i grubego z domieszkami lub innymi materiałami cementowymi".

Od 50 lat beton jest nadal najbardziej zużytym materiałem budowlanym na świecie. Zużycie wzrosło z 3 miliardów ton metrycznych rocznie do 11 miliardów ton metrycznych rocznie w ciągu ostatnich 50 lat.

Różnorodność czynników zwiększyła zainteresowanie wykorzystaniem betonu jako materiału konstrukcyjnego, takiego jak tanie i wszędzie dostępne komponenty, lepsza odporność na ogień, wyjątkowa odporność na wodę i możliwość formowania go w różne kształty i różne rozmiary.

2.2 Kluczowe elementy nowoczesnego betonu

Zgodnie z definicją betonu według (ACI CT-13) i (JIS A 0203:2014) termin "beton" odnosi się do substancji, która składa się z cementu, kruszywa i wody, nawet bez żadnych innych dodatków. Obecnie dodatki chemiczne i mineralne są znane jako nieodłączne i kluczowe składniki nowoczesnego betonu. Ten kluczowy składnik betonu nadal wykazuje pewną niekompatybilność z innymi składnikami betonu, dlatego też wymaga on wiarygodnego badania i wymaga dokładniejszego zbadania.

2.2.1 Domieszka chemiczna do betonu

Domieszki chemiczne to składniki betonu inne niż cement portlandzki, woda i kruszywo, które są dodawane do mieszanki bezpośrednio przed lub w trakcie mieszania. Producenci stosują domieszki przede wszystkim w celu obniżenia kosztów budowy betonu; zmodyfikowania właściwości utwardzonego betonu; zapewnienia jakości betonu podczas jego mieszania, transportu, układania i utwardzania; a także w celu przezwyciężenia pewnych sytuacji awaryjnych podczas operacji betonowania.
Skuteczne stosowanie domieszek zależy od zastosowania odpowiednich metod

dozowania i betonowania. Większość domieszek jest dostarczana w gotowej do użycia formie płynnej i jest dodawana do betonu w zakładzie lub w miejscu pracy. Niektóre domieszki, takie jak pigmenty, środki ekspansywne i środki pomocnicze do pompowania, są stosowane tylko w bardzo małych ilościach i zazwyczaj są dozowane ręcznie z wstępnie odmierzonych pojemników. Skuteczność domieszki zależy od kilku czynników, takich jak: rodzaj i ilość cementu, zawartość wody, czas i sposób mieszania, załamanie oraz temperatura betonu i powietrza. Czasami efekty podobne do tych osiąganych przez dodanie domieszek można uzyskać poprzez zmianę mieszanki betonowej, zmniejszenie stosunku woda-cement, dodanie dodatkowego cementu, zastosowanie innego rodzaju cementu lub zmianę gradacji kruszywa i kruszywa.

Nowoczesne betony prawie zawsze posiadają dodatki, zarówno w postaci mineralnej jak i chemicznej. W szczególności domieszki chemiczne, takie jak reduktory wody i regulatory nastawy lub jako środek do porywania powietrza, są niezmiennie stosowane w celu poprawy właściwości świeżego i utwardzonego betonu. Mieszanina chemiczna" jest to każdy dodatek chemiczny do mieszanki betonowej, który poprawia właściwości betonu w stanie świeżym lub utwardzonym. Nie obejmuje to farb ani powłok. (ACI CT-13) definiuje pojęcie domieszki jako "materiał inny niż woda, kruszywa, cement hydrauliczny i zbrojenie włóknami, stosowany jako składnik betonu lub zaprawy i dodawany do partii bezpośrednio przed lub podczas mieszania".

2.2.1.1 *Domieszka redukująca wodę*

Domieszka redukująca wodę zwykle zmniejsza wymaganą zawartość wody dla mieszanki betonowej. W związku z tym beton zawierający domieszkę redukującą wodę potrzebuje mniej wody do osiągnięcia wymaganego spadku niż beton niepoddany obróbce. Beton poddany obróbce może mieć niższy współczynnik wodoszczelności niż beton niepoddany obróbce. Oznacza to zazwyczaj, że beton o większej wytrzymałości może być produkowany bez zwiększania ilości cementu. Ostatnie postępy w technologii domieszek doprowadziły do rozwoju reduktorów wody średniego zasięgu. Domieszki te obniżają zawartość wody o co najmniej 8 procent i mają tendencję do większej stabilności w szerszym zakresie temperatur. Reduktory wodne średniego zasięgu zapewniają bardziej stabilne czasy ustawiania niż standardowe reduktory wodne.

Reduktor wody jest domieszką, która albo zwiększa opadanie świeżo wymieszanej zaprawy lub betonu bez zwiększania zawartości wody, albo utrzymuje opadanie przy zmniejszonej ilości wody, a efekt ten jest spowodowany innymi czynnikami niż porywanie powietrza.

Inna definicja domieszek redukujących wodę mówi: "Domieszki redukujące wodę to grupa produktów, których podstawową funkcją jest zdolność do wytwarzania betonu o danej urabialności, mierzonej na podstawie spadku lub współczynnika zagęszczenia, przy niższym współczynniku wodo-cementowym niż w przypadku betonu kontrolnego nie zawierającego domieszki.

Wspólne typy reduktora wody podsumowano w tabeli 2-1.

TABELA -1 WSPÓLNE RODZAJE PS

Klasa	Pochodzenie	Struktura (typowa jednostka powtarzania)	Koszt względny
Lignosulfoniany	Pochodzące z procesów unieszkodliwiania, wytrącania i fermentacji ługu odpadowego otrzymywanego podczas produkcji masy papierniczej z drewna	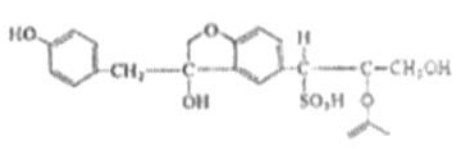 HO, CH_2, OH, H, SO_3H, $C-CH_2OH$	1
Sulfonowany formaldehyd melaminowy (SMF)	Wytwarzany przez normalną rezygnifikację melaminy - formaldehydu	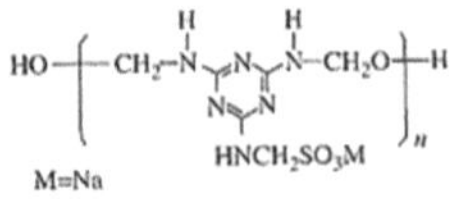 $HO-CH_2-N(H)-$ melamina $-N(H)-CH_2O-H$, $HNCH_2SO_3M$, n, M=Na	4
Sulfonowany formaldehyd naftalenowy (SNF)	Wytwarzany z naftalenu w procesie sulfonowania oleum lub SO3; następnie w wyniku reakcji z formaldehydem następuje polimeryzacja, a kwas sulfonowy jest neutralizowany wodorotlenkiem sodu lub wapnem	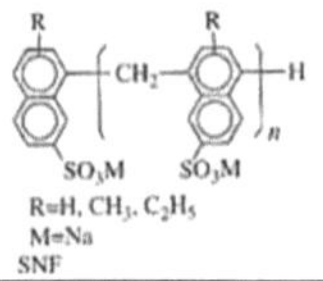 R, CH_2, R, H, n, SO_3M, SO_3M, R=H, CH_3, C_2H_5, M=Na, SNF	2
Ester polikarboksylowy (PCE)	Mechanizm wolnych rodników wykorzystujący inicjatory nadtlenkowe jest wykorzystywany w procesie polimeryzacji w tych systemach.	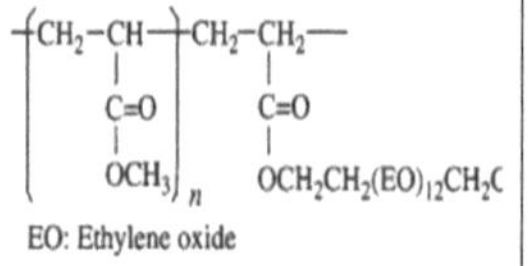 CH_2-CH / $C=O$ / OCH_3 (n) $-CH_2-CH_2-$ / $C=O$ / $OCH_2CH_2(EO)_{12}CH_2C$, EO: Ethylene oxide	4

2.2.1.2 *Superplastyfikator lub wysokozakresowa domieszka redukująca wodę*

Superplastyfikatory są specjalną kategorią środków redukujących wodę, ponieważ są one opracowane z materiałów, które pozwalają na znacznie większą redukcję wody, lub alternatywnie ekstremalną urabialność betonu, w którym są wbudowane. Osiąga się to bez niepożądanych efektów ubocznych, takich jak nadmierne zasysanie powietrza lub opóźnienie wiązania. W (ACI CT-13) superplastyfikatory i domieszki redukujące wodę o dużym zasięgu są zdefiniowane w ten sam sposób, co "domieszka redukująca wodę, zdolna do wytwarzania dużej redukcji wody lub dużej płynności bez powodowania nadmiernego opóźnienia wiązania lub porywania powietrza w zaprawie lub betonie".

2.2.1.3 *Mechanizm działania Superplastyfikatorów na cząsteczki cementu*

Superplastyfikatory na bazie polikarboksylanów są wielkocząsteczkowymi środkami powierzchniowo czynnymi, a ich cząsteczki wyglądają jak grzebień. Ich struktura zazwyczaj składa się z adsorbującego anionowego szkieletu i niejonowych łańcuchów bocznych, które nie są adsorbowane na powierzchni cząstek cementu.

Nowa generacja tego rodzaju domieszek reprezentowana jest przez superplastyfikatory na bazie kwasu polikarboksylowego (PCAE) i superplastyfikatory na bazie kwasu polikarboksylowego (PC). Przy stosunkowo niewielkim dozowaniu (0,15-0,3% masy cementu) pozwalają one na redukcję wody nawet do 40%, dzięki swojej budowie chemicznej umożliwiającej dobre rozproszenie cząstek.

Kręgosłup PCAE, który jest ujemnie naładowany, pozwala na adsorpcję na dodatnio naładowanych cząstkach koloidalnych takich cząstek cementu. W wyniku adsorpcji PCAE zmienia się potencjał zeta cząstek zawieszonych, dzięki adsorpcji powierzchni koloidu. Takie przemieszczenie polimeru na powierzchni cząstek zapewnia łańcuchom bocznym możliwość wywierania sił odpychających, które rozpraszają cząstki zawiesiny i zapobiegają tarciu.

Superplastyfikatory na bazie polikarboksylanów mają jako łańcuchy boczne jednostki karboksylowe i jednostki polimerowe tlenku etylenu, o budowie chemicznej zgodnej z wzorem 1.

$$\left(CH_2\text{-}\underset{COOM}{\overset{CH_3}{C}} \right)_m \left(CH_2\text{-}\underset{COO(CH_2CH_2O)_qR}{\overset{CH_3}{C}} \right)_n \qquad (1)$$

Schemat mechanizmu działania nadplastyfikatora na cząstki cementu przedstawiono na rysunku 2.1.

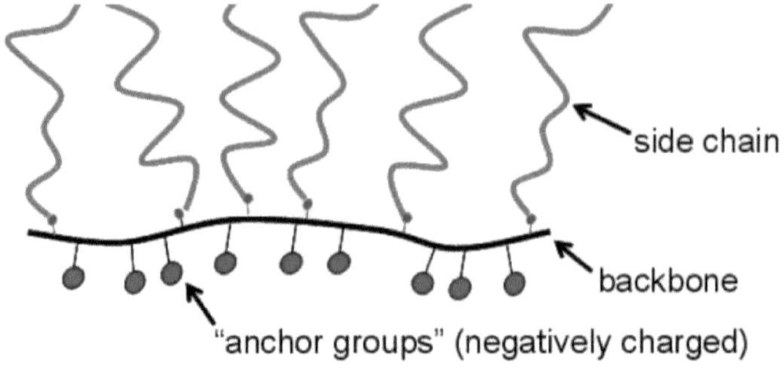

Rysunek -1 Schemat mechanizmu działania PS

2.2.1.1 *Czynniki wpływające na mechanizm działania na Superplastyfikatory*

Obecnie superplastyfikatory są najszerzej stosowanymi substancjami w nowoczesnych cementowych materiałach budowlanych, które mogą spełniać jednocześnie wymagania właściciela, dostawcy i wykonawcy, którymi są odpowiednio: jakość i trwałość, odpowiednia żywotność i odpowiednia urabialność podczas pracy.

Na wydajność SP mają wpływ różne czynniki, takie jak rodzaj i dozowanie SP, rodzaj cementu, temperatura i procedura mieszania, a także czas dodawania SP do reszty materiału. Opóźnienie dodania SP do mieszanki betonowej, spowoduje szybkie wchłanianie cząsteczek wody przez reaktywne cząsteczki cementu, a na tych elementach wcześniej tworzy się uwodniona powłoka: C3S i C2S mogą adsorbować wystarczającą ilość cząsteczek SP do ich dyspersji. Wielu badaczy badało w tym względzie, że nieco opóźniony dodatek dałby bardziej praktyczny beton niż natychmiastowy dodatek.

Inni badacze stwierdzili, że efektywność PC i RMC jest związana z ich strukturą chemiczną, a w szczególności z rodzajem, długością i układem łańcuchów szkieletowych i bocznych, jak również z obecnością grup funkcjonalnych. Efektywność będzie wzrastać wraz z liczbą i długością łańcuchów bocznych. Łańcuchy boczne molekuły polimeru adsorbowanej przy cząstkach cementu mogą blokować je przed innymi cząstkami cementu, uniemożliwiając w ten sposób flokulację prowadzącą do płynności past cementowych.

Wiadomo również, że temperatura otoczenia ma wpływ na działanie domieszek superplastyfikatorów. Ostatnio przeprowadzono pewne ograniczone badania w tej dziedzinie.

Chapter 3:- Badanie Extremital Study

3.1 Excremental program

Naszym celem było zbadanie wpływu stymulacji cieplnej domieszek superplastyfikatorów PC i RMC w połączeniu z domieszką mineralną lub żużlem wielkopiecowym (BFS) na świeże i utwardzone właściwości zaprawy. W tym celu zastosowano dwa rodzaje cementu oraz dwa rodzaje domieszek SP do wykonania zaprawy o wysokiej wytrzymałości. Obydwie były oparte na kwasie polikarboksylowym (PC), z których jedna nadaje się do produkcji prefabrykatów betonowych (PCa), a druga do produkcji betonu towarowego (RMC). W ramach programu doświadczalnego, w celu obserwacji wpływu temperatury na wydajność SP, SP były podgrzewane do 60^{0}C przez 1 godzinę i 24 godziny przed zmieszaniem z zaprawą i betonem. Najpierw w celu potwierdzenia zmian we właściwościach świeżych i mechanicznych przeprowadzono różne testy zaprawy, następnie najlepsze wyniki zastosowano na betonie w celu porównania różnic. Właściwości utwardzające zaprawy i betonu, które zostały zbadane to: Wytrzymałość na ściskanie, Ultrasonic Pulse Velocity, które określono w wieku 7, 14 i 28 dni.

Gęstość i zawartość powietrza w świeżym betonie mierzono zgodnie z normą JIS A 1116 "Metoda badania masy jednostkowej i zawartości powietrza typu masa świeżego betonu". Metodę dynamicznego rozpraszania światła (zwaną dalej DLS) przeprowadzono zgodnie z normą JIS Z8828-2013 "Analiza wielkości cząstek", aby ocenić zmiany w strukturze SP spowodowane stymulacją cieplną. Metodę JIS R5203 "Metoda badania ciepła uwodnienia cementu" wykorzystano do oceny możliwości zmian ciepła uwodnienia cementu pod wpływem stymulacji cieplnej SP.

3.2 Właściwości materiałowe

W tej części zostaną przedstawione właściwości chemiczne i fizyczne wszystkich materiałów użytych w tych badaniach. W celu określenia właściwości materiałów użytych w tym badaniu zastosowano procedury japońskich norm przemysłowych (JIS).

3.2.1 Cement portlandzki

W badaniu tym wykorzystano japońskie cementy portlandzkie produkowane przez Taiheiyo Cement Corporation. Dla lepszego zrozumienia kompatybilności pomiędzy SP stymulowanym termicznie a cementem, a także wpływu rodzaju cementu na wydajność SP, zastosowano dwa rodzaje cementu, a mianowicie zwykły cement portlandzki (OPC), cement o wysokiej wczesnej wytrzymałości (HESPC) oraz domieszkę mineralną lub ślimak wielkopiecowy (BFS). ponadto cały cement został częściowo zastąpiony żużlem wielkopiecowym. Wszystkie cementy zostały wyprodukowane zgodnie z wymaganiami jakościowymi JIS R 5210:2009. Właściwości chemiczne i fizyczne cementów są widoczne w tabeli 3-1

TABELA -1 SKŁAD FIZYCZNY I CHEMICZNY CEMENTU

Typ cementu	Pozycja									
	MgO %	Więc 3 %	CL- %	Na2Oeq %	C3S %	C2S %	C3A %	C4AF %	Gęstość zaludnienia g/cm3	Spec.Surf. powierzchnia cm2/g
OPC	1.41	2.10	0.015	0.50	56	18	9	9	3.16	3340
BFS	3.31	2.05	0.010	Nie podane przez dostawcę					3.04	4340
HESPC	1.44	2.88	0.005	0.47	63	12	9	8	3.14	4480

Cement portlandzki jest produkowany poprzez ogrzewanie źródeł wapna, żelaza, krzemionki i tlenku glinu, zmielonych i zmieszanych w surową mączkę lub "mix design", do temperatury 1400-1550°C (2500-2800°F) w piecu obrotowym, w którym surowce są przetwarzane chemicznie. Schłodzony granulowany produkt, złożony wielofazowy klinkier składający się przede wszystkim z szeregu związków krzemianu wapnia i glinianu, jest mielony z niewielkimi ilościami siarczanu wapnia na proszek o odpowiednio dużej powierzchni (Hall, 1976). Skład chemiczny cementu portlandzkiego jest tradycyjnie zapisywany w notacji tlenkowej stosowanej w chemii ceramicznej. W tym "skrótowym" stylu zapisu, każdy tlenek jest skracany do jednej dużej litery. Wykaz skrótów stosowanych w chemii cementu oraz związków pierwotnych powstających na klinkierze podano odpowiednio w tabelach 3.2. Klinkier cementowy portlandzki składa się z mieszaniny dwóch krystalicznych faz krzemianu wapnia, C3S i C2S, znajdujących się w fazie śródmiąższowej lub "stopionej", składającej się z C3A i C4AF. Jak pokazano na rysunku 3.3, każdy związek ma swoją unikalną reaktywność hydratacyjną. Główne czynniki związane z procesem technologicznym, które wpływają na charakterystykę cementu portlandzkiego to: temperatura spalania, czas trwania spalania, dostępność tlenu, czas chłodzenia i temperatura mielenia. Te same czynniki silnie wpływają na powstawanie zanieczyszczeń, takich jak siarczan zasadowy, peryklaza i wapno palone.

Tabela -2 Skrócone notacje stosowane w chemii cementu

	Chemical formula	*Notation*
Lime	CaO	C
Silica	SiO_2	S
Alumina	Al_2O_3	A
Iron	Fe_2O_3	F
Titanium	TiO_2	T
Magnesia	MgO	M
Potassium	K_2O	K
Sodium	Na_2O	N
Sulfur	SO_3	$\bar{S}$
Water	H_2O	H

wpływając zarówno na stabilność wytrzymałościową jak i objętościową. Cztery podstawowe związki cementu mają następujące właściwości:

Krzemian triwapniowy (C3S): szybko się nawadnia i twardnieje, jest w dużej mierze odpowiedzialny za początkowe ustawienie i wczesną wytrzymałość. Ogólnie rzecz biorąc, wczesna wytrzymałość betonu cementowego portlandzkiego jest wyższa przy zwiększonym udziale procentowym C3S.

Krzemian dwuwapniowy (C2S): nawilża się i twardnieje powoli, przyczyniając się w znacznym stopniu do wzrostu wytrzymałości w wieku powyżej tygodnia.

Glinian triwapniowy (C3A): uwalnia dużą ilość ciepła podczas pierwszych kilku dni nawilżania i utwardzania. Przyczynia się on również w niewielkim stopniu do wczesnego rozwoju siły. Cementy o niskim udziale procentowym C3A są bardziej odporne na gleby i wody zawierające siarczany.

Glinoglinian czterowapniowy (C4AF): jest produktem powstałym w wyniku zastosowania surowców żelaznych i aluminiowych w celu obniżenia temperatury klinkierowania podczas produkcji cementu. Przyczynia się on w niewielkim stopniu do zwiększenia wytrzymałości.

Tabela -3 Związek pierwotny w klinkierze cementowym Portland

	Chemical composition	*Abbreviated notation*
Tricalcium silicate	$3\ CaO \cdot SiO_2$	C_3S
Dicalcium silicate	$2\ CaO \cdot SiO_2$	C_2S
Tricalcium aluminate	$3\ CaO \cdot Al_2O_3$	C_3A
Tetracalcium alumino ferrite	$4\ CaO \cdot Al_2O_3 \cdot Fe_2O_3$	C_4AF

3.2.2 Drobne kruszywa

Optymalna gradacja drobnoziarnistego kruszywa dla betonu wysokowytrzymałego zależy bardziej od jego wpływu na zapotrzebowanie na wodę niż od upakowania cząsteczek. Betony wysokowytrzymałe zawierają zazwyczaj duże ilości materiału cementowego w postaci proszku. W związku z tym, drobne piaski, które można by uznać za dopuszczalne do stosowania w betonach konwencjonalnych, mogą być mniej odpowiednie do betonu wysokowytrzymałego ze względu na ich lepką konsystencję. I odwrotnie, piaski gruboziarniste, które mogą nie spełniać standardowych specyfikacji dla kruszyw betonowych, mogą być bardzo pożądane w betonie wysokowytrzymałym. Ze względu na ich wpływ na urabialność, klasyfikacja fizyczna kruszyw drobnych jest mniej krytyczna w przypadku mieszanek betonowych o wysokiej wytrzymałości w porównaniu z betonami konwencjonalnymi. W celu spełnienia wymagań normy ASTM C 33,16 moduł sprężystości dla piasków musi zawierać się w przedziale od 2,3 do 3,1. Blick (1973) zaobserwował, że piaski o module sprężystości poniżej 2,5 wytwarzają beton wysokowytrzymały z przewagą drobnych cząstek. Otrzymany beton miał lepką konsystencję i był trudny do konsolidacji. Piasek o module sprężystości 3,0, który według konwencjonalnych norm byłby gruboziarnisty, zapewnił najlepszą urabialność i wytrzymałość na ściskanie przy zastosowaniu w betonie wysokowytrzymałym.

Drobne kruszywo użyte w tym eksperymentalnym programie było naturalnym piaskiem rzecznym z prefektury Kanagawa w Japonii. Drobne kruszywo przygotowane w stanie suchym powierzchniowo nasyconym (SSD) przed zmieszaniem, gęstość kruszyw drobnych wynosiła 2,69 g/cm3.

3.2.3 Domieszka chemiczna

W badaniach eksperymentalnych wykorzystano dwa rodzaje superplastyfikatora z dwoma rodzajami cementu oraz częściową wymianę żużla wielkopiecowego do zbadania efektu stymulacji cieplnej i opóźnionego dodawania SP. Oba składowały się z kwasów polikarboksylowych, z których jeden nadawał się do produkcji Prefabrykatów Betonowych (PCa), a drugi do Produktu Gotowego do Mieszania Betonu (RMC). Wszystkie zastosowane domieszki chemiczne są zgodne z normą JIS A 6204 dotyczącą wysokowydajnego środka redukującego wodę (superplastyfikatora). Właściwości chemiczne i fizyczne wszystkich zastosowanych w tym badaniu domieszek są widoczne w tabeli 3-2.

3.3 Procedura eksperymentalna

3.3.1 Stymulacja cieplna domieszki

SP były ogrzewane w komorze termostatycznej przez 1 godzinę na 60°C i 24 godziny w temperaturze 70°C. Butelki z domieszkami były umieszczane w komorze termostatycznej i przechowywane tam przez godzinę i 24 godziny. Zarys preparatu SP do obróbki cieplnej i ogrzewania w komorze termostatycznej przedstawiono odpowiednio na rys. 3.1 i 3.2.

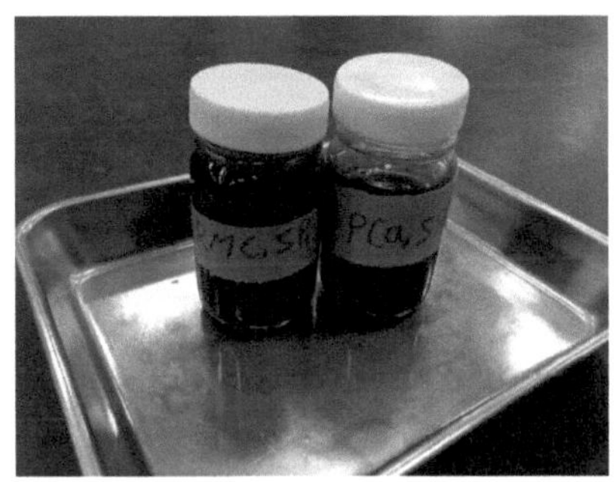

Rysunek -1 i nieogrzewane PC typu SP

Rysunek -2 Ogrzewane i nieogrzewane RMC typu SP

Tabela -4 właściwości domieszki chemicznej

Nazwa produktu		Pozycja				
Nazwa produktu		Nazwa chemiczna	Stan:	Masa jednostkowa gr/cm3	Zmiana	(C-Ad) %
Sikament 2300-PCa	SP2	Związek na bazie kwasu polikarboksylo wego	Ciecz garbnikow a	1.045～1.090	0.01	(4.6-6.3) %
Sikament 2300-RMC	SP1	Związek na bazie kwasu polikarboksylo	Ciecz garbnikow	1.045～1.090	0.01	(7.2-4.2) %

3.3.2 Metoda mieszania zaprawy

Procedura mieszania zaprawy była, zgodnie z JIS R 5201" Fizyczne metody badań cementu". Temperatura otoczenia podczas mieszania wynosiła 20± 2 °C. Na pierwszym etapie procedury mieszania mieszano piasek, cement i żużel wielkopiecowy przez 30 sekund na niskich obrotach mieszarki. Następnie do zaprawy dodawano na gorąco SP z wodą mieszającą i mieszano przez 60 sekund na niskich obrotach mieszarki. Ostatecznie zaprawa była mieszana przez 30 sekund na wyższych obrotach mieszarki. Taką samą procedurę stosowano w przypadku zaprawy zawierającej nieogrzaną zaprawę SP.

Sposób mieszania i standardowy mieszalnik wykorzystywany w badaniach są widoczne odpowiednio na rys. 3.3 i 3.4.

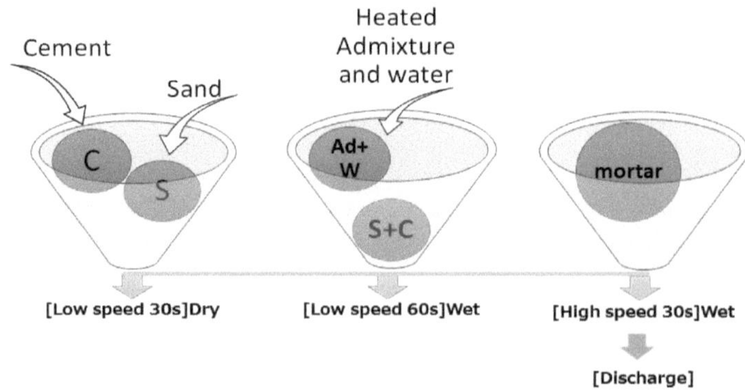

Rysunek -3 Procedura mieszania zaprawy

Rysunek -4 Standardowy mini mieszalnik do zaprawy

3.3.3 Pomiar przepływu zaprawy

W celu sprawdzenia zmian płynności i utraty przepływu zaprawy po stymulacji cieplnej domieszki, zastosowano tabelę przepływu JIS R 5201" Fizyczne metody badania cementu". Poprawę płynności ($\Delta Flow$) zaprawy mierzono w tabelach przepływu 0 Struck i 15 Struck.

$$\Delta Flow\,(mm) = \frac{f1 + f2}{2} 1. \qquad (1)$$

Do pomiaru przepływu zaprawy $_{FI}$ i F2 jest prostopadłą średnicą płynnej zaprawy do ogrzewanego i nieogrzewanego superplastyfikatora. rozrzut zaprawy był średnią z dwóch prostopadłych do siebie średnic poprzecznych.

Do oceny zmian opadania betonu zastosowano "Metodę badania opadania betonu JIS A 1101". Warunki badania przepływu zaprawy i opadania betonu widoczne są na rysunkach 3.5 i 3.5.

Rysunek -5 Pomiar przepływu zaprawy

3.3.4 Określanie świeżej gęstości i zawartości powietrza w moździerzu

Gęstość świeżą i zawartość powietrza w zaprawie i betonie mierzono zgodnie z normą JIS A 1116 "Metoda badania masy jednostkowej i zawartości powietrza typu masa świeżego betonu". Zakres tej normy opiera się na próbie określenia jednostkowej masy objętościowej i zawartości powietrza w świeżej zaprawie według masy.

3.3.4.1 *Przyrządy do badań*

Zbiornik stosowany w tej próbie musi być wykonany z metalu w kształcie cylindra oraz musi być wystarczająco wodoszczelny i wytrzymały. Do zagęszczenia materiału w zbiorniku stosuje się popychacz. Zbiornik na zaprawę i beton pokazano na rys. 3.6.

Rysunek -6 Przyrząd badawczy do pomiaru zawartości powietrza i gęstości zaprawy

3.3.4.2 *Metoda badania*

Próbkę umieścić do około 1/3 wysokości pojemnika, a po zamontowaniu popchnąć równomiernie 25 razy w przypadku pojemnika na beton i 10 razy w przypadku pojemnika na zaprawę za pomocą popychacza, aż do braku ubytku. Zewnętrzną stronę pojemnika należy uderzyć dziesięć do piętnastu razy (młotkiem) itp., aż na powierzchni betonu nie pojawią się duże pęcherzyki. Następnie umieścić próbkę do około 2/3 pojemnika i powtórzyć tę samą operację co poprzednio. Trochę przepełnić pojemnik na końcu. Następnie powtórzyć tę samą operację, a następnie zeskrobać dodatkową próbkę linijką, aby była płaska. Wytrzeć zaznaczone miejsce na zewnątrz pojemnika betonem, zważyć masę próbki w pojemniku.

3.3.4.3 *Obliczenia*

Gęstość uzyskuje się za pomocą następującego wzoru 4. Wynik jest liczbą całkowitą, wynik zaokrąglany jest do pierwszego miejsca po przecinku.

$$D = \frac{W}{V} \quad (2)$$

W: Waga lub masa betonu

V: Objętość betonu

Tutaj:

D: Beton lub zaprawa objętość jednostkowa/gęstość masowa (gr/cm3)

T: Teoretyczna gęstość betonu obliczona na zasadzie wolnej od powietrza. Obliczono gęstość bezpowietrzną wszystkich dodatków do betonu.

A: Ilość powietrza w zaprawie lub betonie (%)

Ilość powietrza uzyskuje się za pomocą następującego równania 5.

$$A = [(T - D)/T]\ X100$$

3.3.5 Przygotowanie próbki i stan utwardzania zaprawy do badań wytrzymałości na ściskanie

Do wykonania wszystkich próbek zaprawy użyto metody badania fizycznego cementu (JIS R 5201:2015). Japońską Normę Przemysłową (JIS A1132-2014) stosowano metodę wykonywania i utwardzania próbek betonowych. Norma ta nakazuje wykonanie próbek do badań wytrzymałości na ściskanie betonu (JIS A 1108). Wszystkie próbki znajdowały się w stanie utwardzania na mokro. Temperatura utwardzania próbek wynosiła 22 ± 3°C. Stan utwardzania próbek przedstawiono na rys. 3.7.

Rys. -7 Stan utwardzania i rozbijanie się próbek

Próbka tworząca formę musi być pryzmatyczna dla zaprawy. W tym eksperymencie posiadamy dwa rodzaje form o przekroju sześciennym o wymiarach *400mmx400mm* i długości *1600mm,* drugim rodzajem była forma cylindryczna o średnicy *50mm* i wysokości *100mm, w której zastosowano* system zgniatania, w którym jednocześnie można formować trzy próbki, Do zgniatania zastosowano pręt z półkulistym zakończeniem o średnicy 16mm i długości ok. 200 do 300mm okrągłej stali.

Wykończenie górnej powierzchni Don poprzez polerowanie, tolerancja wymiarów próbek mieściła się w granicach 0,5% średnicy i 5% wysokości.

Wytrzymałość zaprawy na ściskanie badano jako (JIS R 5201). Wytrzymałość na ściskanie obliczono według następującego wzoru 6.

$$C = \frac{W}{\pi\frac{D^2}{4}} \quad (4)$$

Pojęcie C oznacza wytrzymałość na ściskanie (N / mm 2), W oznacza maksymalne obciążenie w (N), oraz $\pi\frac{D^2}{4}$ to powierzchnia próbki pod obciążeniem (40mmx40mm).

Zastosowano metodę badania wytrzymałości betonu na ściskanie (JIS A 1108). Wytrzymałość na ściskanie oblicza się według następującego wzoru 7, zaokrąglonego do trzech cyfr znaczących. Termin Fc oznacza wytrzymałość na ściskanie (N / mm2).

$$F_c = \frac{P}{\pi \frac{D^2}{4}} \qquad (5)$$

Tutaj P przy maksymalnym obciążeniu określono Newtona (N), a D jest średnicą próbki. Zarys próby ściskania zaprawy i betonu widoczny jest na rys. 3.11.

Rysunek .8 Wytrzymałość na ściskanie zaprawy

3.3.6 Ultradźwiękowe testy prędkości pulek

Zalecenia dotyczące stosowania tej metody podane są w BS 1881: Część 203 (58), a także w ASTM C597-02. Schemat badania UPV i urządzenia doświadczalnego pokazano na rysunku 3.9.

Prędkość impulsów ultradźwiękowych poruszających się w materiale stałym zależy od gęstości i właściwości elastycznych tego materiału. Metoda ta może być stosowana do badań betonu zwykłego, zbrojonego i sprężonego, zarówno prefabrykowanego, jak i wylewanego na miejscu.

Pomiar prędkości impulsu może być wykorzystywany do określenia jednorodności i gęstości betonu, obecności pustek, pęknięć lub innych niedoskonałości, a nawet zmian, które mogą wystąpić w czasie lub pod wpływem czynników zewnętrznych.

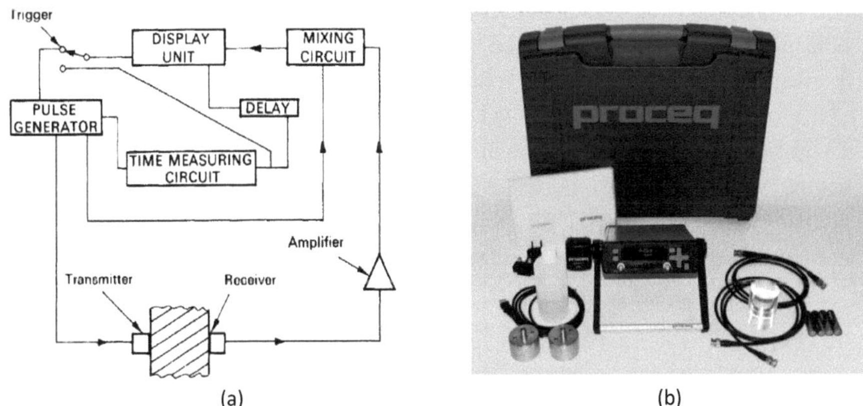

(a) (b)

Rysunek -8 a) Schemat badania UPV, b) zarys przyrządu UPV

3.3.6.1 *Podsumowanie metody badania*

Impulsy wzdłużnych fal naprężeń są generowane przez przetwornik elektroakustyczny, który utrzymuje kontakt z jedną z powierzchni badanego betonu. Po przejściu przez beton, impulsy te są odbierane i przetwarzane na energię elektryczną przez drugi przetwornik umieszczony w odległości L od przetwornika transmitującego. Czas przejazdu T jest mierzony elektronicznie. Prędkość impulsu V jest obliczana przez podzielenie L przez T.

3.3.6.2 *Oznaczanie UPV*

Pomiar UPV jest opisany w normie ASTM C 597-02. Układ pomiarowy składa się z zespołu nadajnika/odbiornika impulsowego z wbudowanym systemem akwizycji danych oraz pary wąskopasmowych przetworników 54 kHz. W pierwszym etapie pracy z urządzeniem PUNDIT Lab, zostało ono skalibrowane za pomocą radia kalibracyjnego o wartości 25,1 µs. Bardzo ważne jest, aby zapewnić odpowiednie sprzężenie akustyczne przetworników z badaną powierzchnią. Pomiary UPV prowadzono z przetwornikami mocno sprzężonymi z przeciwległymi końcami próbek. Na przetwornik i badaną powierzchnię nałożono cienką warstwę galaretki łączącej. Obliczenia UPV wymagają wyznaczenia czasu przybycia impulsu oraz długości próbki. Czas przybycia impulsu opisuje czas, jaki upłynął od momentu podania impulsu do momentu przybycia na przeciwległą powierzchnię próbki. UPV obliczana jest automatycznie jako iloraz długości próbki i czasu, jaki upłynął od momentu podania impulsu do momentu przybycia próbki na przeciwną stronę. Odległość (długość ścieżki) pomiędzy przetwornikami została dokładnie zmierzona. Za pomocą pomiarów UPV nieniszcząco monitorowano wewnętrzną strukturę betonu w wieku 7 dni, 14 dni i 28 lat. Kształt fali obserwowano na laptopie podłączonym przez port USB, aby zapewnić prawidłowy kształt fali zgodny z normami. Kalibracja urządzenia i zarys eksperymentu są widoczne na rys. 3.10.

(a)

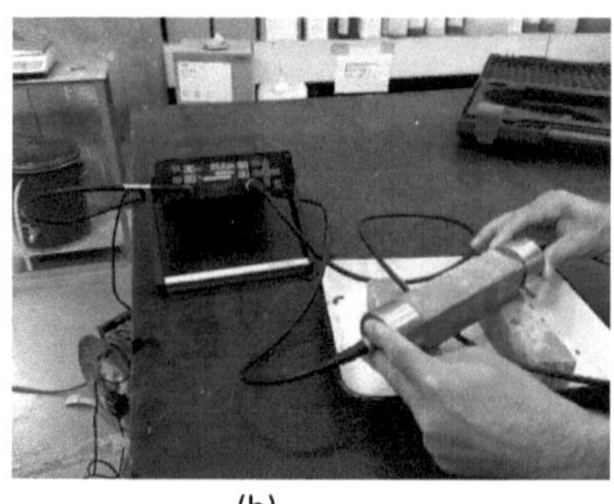

(b)

Rysunek -9 a) Kalibracja urządzenia, b) zarys doświadczenia

3.3.7 Dynamiczne testy rozpraszania światła (DLS)

Dynamiczne rozpraszanie światła jest nową metodą badania układów makromolekularnych. Znaczenie tej techniki wynika z jej nieinwazyjnego charakteru. Może być stosowana na bardzo małych objętościach płynów; oprzyrządowanie jest stosunkowo niedrogie i pozwala na szybkie wyznaczenie współczynników dyfuzji, a także dostarcza informacji o rozkładach czasu relaksacji dla makromolekularnych składników złożonych systemów. Zarys eksperymentu pokazano na rys. 3.11, a schemat testu DLS na rys. 3.12.

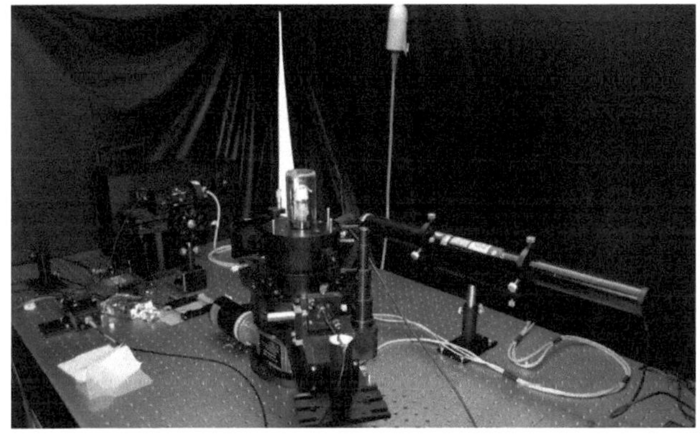

Rysunek -10 Zarys testu DLS

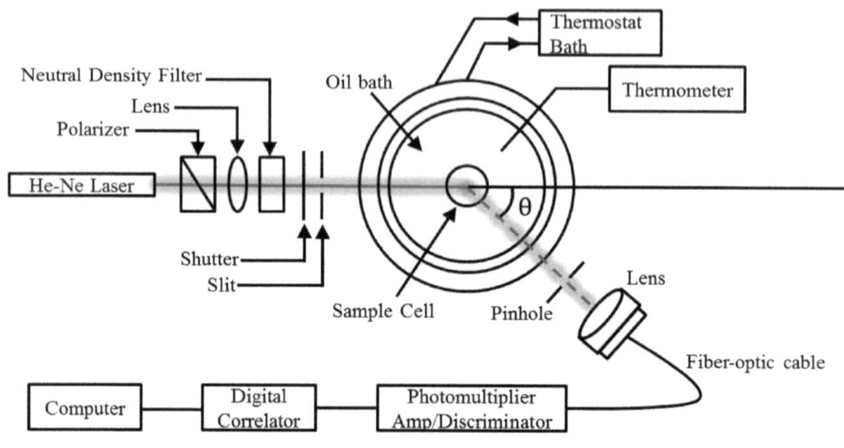

Rys. -11 Schemat testu DLS

3.3.8 Przygotowanie próbki do obróbki cieplnej

W celu zbadania zmian wielkości cząstek ogrzanego SP w wyniku obróbki cieplnej, zastosowano metodę badania dynamicznego rozpraszania światła (DLS), zgodnie z normą JIS Z8828-2013 "Analiza wielkości cząstek". W sumie przygotowano cztery próbki dla dwóch SP, mianowicie SP1 i SP2, z których jedna była ogrzewana przez 24 godziny na stronie 60°C i 70°C przez 24 godziny, a druga nie była ogrzewana.

Próbki SP1 i SP2 były rozcieńczane 150 razy ultra czystą wodą, a następnie poddawane działaniu filtra (0,45 µm). Następnie pomiar DLS wykonywany jest w sposób ciągły przez trzy godziny. Procedura przygotowania próbki pokazana na rysunku 3.13.

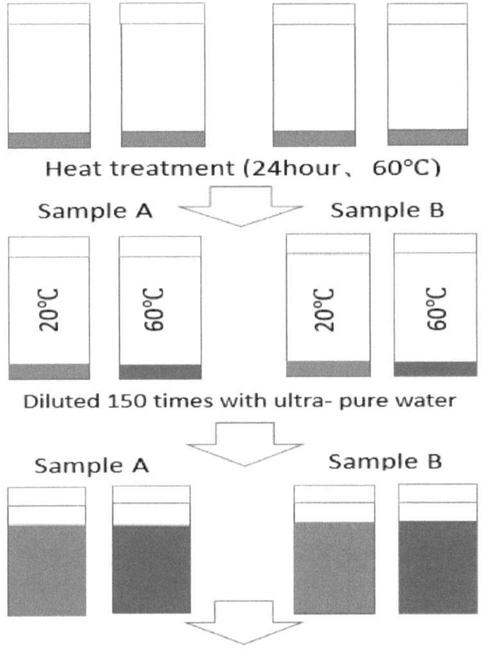

Rysunek -12 Procedura przygotowania próbki

3.4 Dane doświadczalne

3.4.1 Projektowanie proporcji mieszania

Współczynnik wodno-cementowy zaprawy wynosił 30%, a współczynnik piaskowo-cementowy 2,0 i 1,5,0. Współczynnik wodno-cementowy dla betonu wynosił 30%, proporcje mieszanki betonowej przedstawia tabela 3-4.

Tabela -5 Materiały użyte w tym eksperymencie

Materiał							
C-%	S/C	W/C	BFS-%	RMC-AD		PC-AD	
				Podgrzewana	Bez ogrzewania	Podgrzewana	Bez ogrzewania
100	2:1	30%	0	(0.45) %	(0.71) %	(0.5) %	(0.62) %
70	2:1	30%	30	(0.43) %	(0.52) %	(0.44) %	(0.51) %
55	2:1	30%	45	(0.41) %	(0.47) %	(0.4) %	(0.46) %
40	2:1	30%	60	(0.39) %	(0.42) %	(0.46) %	(0.39) %

W powyższej tabeli W to woda, C to cement, W/C to współczynnik wodno-cementowy, S to piasek, termin Ad to domieszka.

3.4.2 Dozowanie dodatku

Stawki dozowania domieszek przedstawiono w tabeli 3-4. Dawki te posłużyły do uzyskania docelowego przepływu zaprawy ok. 120 mm przy (0 suw tabeli przepływu) i 200 mm przy (15 suwów tabeli przepływu) oraz opadania betonu 18-22 mm przed podgrzaniem domieszek.

Tabela -6 Wpływ stymulacji cieplnej SP na oszczędność procentową

Cement	OPC								*HESPC*							
Typ SP	SP1				SP2				SP1				SP2			
BFS%	0%	30%	45%	60%	0%	30%	45%	60%	0%	30%	45%	60%	0%	30%	45%	60%
Ad/C (%) Bez ogrzewania	0.71	0.52	0.467	0.39	0.62	0.505	0.46	0.46	0.73	0.52	0.467	0.39	0.64	0.505	0.46	0.46
Ad/C (%) Ogrzewane	0.45	0.43	0.41	0.39	0.5	0.44	0.4	0.39	0.73	0.52	0.467	0.39	0.64	0.505	0.46	0.46

3.4.2.1 Admiksy Warunki grzewcze

W ramach programu doświadczalnego, w celu obserwacji wpływu temperatury na działanie SP, na SP w 60°C i 70°C została zastosowana obróbka cieplna przez 60 minut i 24 godziny, a także na temperaturę w domu przed zmieszaniem z zaprawą i betonem, ale wynik, który został umieszczony w tabeli jest dla 70ºC i przechowywane 24 godziny.

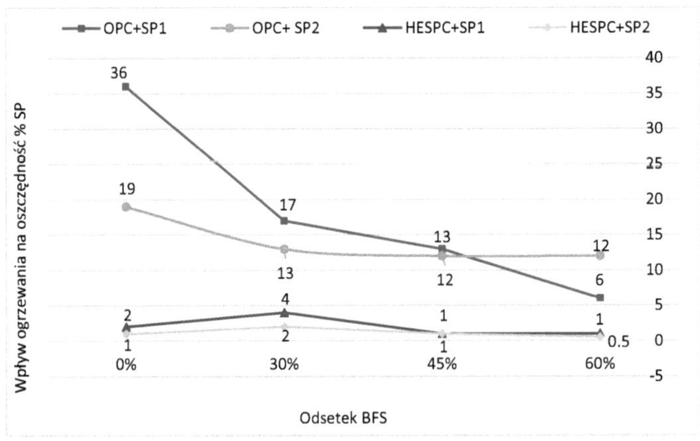

Rysunek -13 wpływ ogrzewania na oszczędność % superplastyfikatora

Chapter 4:- Wynik

4.1 Świeże właściwości zaprawy

Ziarno cementu wchłonięte przez siły Van der Waalsa", w definicji siły Van der Waalsa możemy powiedzieć, że jest to ogólny termin używany do określenia przyciągania sił międzycząsteczkowych pomiędzy molekułami. Cząsteczki cementu, mimo że przyciągają się wzajemnie dzięki tej sile, są w stanie przyciągać cząsteczki różnego rodzaju materiałów, takich jak kamień, spalona cegła, metale itp. Dlatego też ten rodzaj przyciągania powodował zmniejszenie przepływu i urabialności betonu lub zaprawy, jak pokazano na rysunku (1-a). Zastosowanie superplastyfikatora w betonie spowodowało powstanie warstwy tłuszczu na powierzchni cząstek cementu i otaczającego go ziarna cementu z ujemnym ładunkiem, jak pokazano na rysunku (1-b). Ponadto, zmniejszenie napięcia powierzchniowego wody powoduje, że beton ma zdolność do pracy i przepływu. Tak więc, długi łańcuch polimeru fizycznie zatrzymuje cząsteczki cementu, aby zbliżyć się do siebie lub ustabilizować efekt dyspersji superplastyfikatora, jak bardzo łańcuch polimeru jest dłuższy stabilność przepływu stał się silniejszy.

Na rozproszenie cząstek cementu przez superplastyfikator wpływa kilka czynników, np. rodzaj cementu, rodzaj domieszki, technika stymulacji cieplnej, opóźniony czas dodawania i procedura mieszania. W związku z tym badano zmiany w świeżych właściwościach zaprawy i betonu. Określono parametry urabialności zaprawy, takie jak przepływ i straty przepływu, zawartość powietrza oraz gęstość świeżej zaprawy.

4.1.1 Wpływ stymulacji cieplnej superplastyfikatora na płynność zaprawy

Wpływ stymulacji cieplnej i opóźnionego dodawania superplastyfikatora z różną ilością żużla wielkopiecowego na płynność zaprawy. W związku z tym płynność zaprawy przedstawiono na rysunkach 4.1, 4.2 i 4.3 odpowiednio dla typów cementu OPC i HESPC.

SP był podgrzewany przez 1 godzinę w temperaturze 60°C i przez 24 godziny w temperaturze 70°C. SP1 wykazała się najlepszą wydajnością, w celu poprawy przepływu zaprawy w temperaturze ogrzewania 60°C i 70 °C z cementem OPC. Na płynność zaprawy miało wpływ wiele czynników, o których mowa powyżej, ale poprzez zwiększenie ilości BFS obniżono wydajność ogrzewania. Ponadto, stymulacja cieplna nie ma wpływu na cement o wysokiej wczesnej wytrzymałości

(HESPC). W przypadku dodatku opóźniającego BFS miał swój wpływ, poprzez wydłużenie czasu dodawania superplastyfikatora zmniejszono przepływ, szczególnie w przypadku opóźnienia powyżej 5 minut. Wydaje się, że optymalna temperatura ogrzewania wynosiła 70°C dla SP1 i SP2. Ogólnie rzecz biorąc, prefabrykowany typ SP wykazywał lepszą poprawę przepływu przy wzroście temperatury niż typ PC SP.

Dla lepszego zrozumienia wpływu czasu stymulacji cieplnej na wydajność SP, SP1 i SP2 były ogrzewane w temperaturze 60°C przez 1 godzinę. Poprawa przepływu wynikająca z 1-godzinnego czasu nagrzewania SP1 i SP2 została porównana z ich różną ilością BFS i efektem dodatku opóźnienia, SP1 wykazała większą poprawę przepływu w (0 suwów). W (15 suwów), SP1 i SP2 pokazały odpowiednio poprawę przepływu.

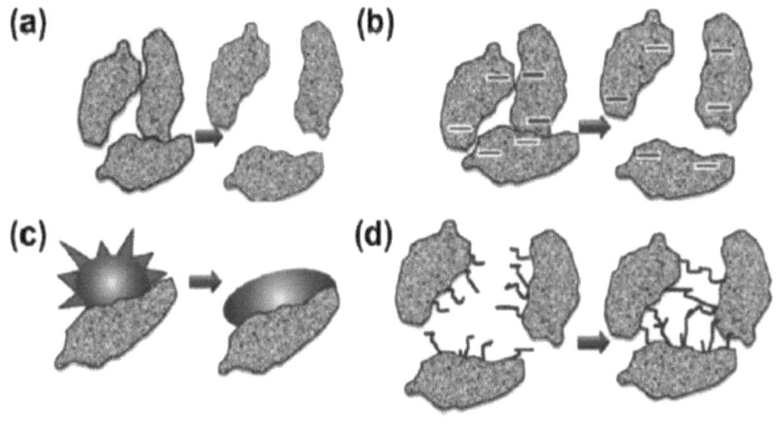

Rysunek 1 Efekt rozpraszania stymulowanego cieplnie SP na cząsteczki cementu

Tabela -2 Wpływ stymulowanego termicznie SP z cementem HESPC i OPC na przepływ, zawartość powietrza i gęstość zaprawy

Influence of Heat stimulated SP with HESPC and OPC cement on Flow, Air-Content and Density of mortar

Condition of SP	Without Tamp		Average	With tamp		Average	Density gr/cm3	Air-Content %	Type of SP	(C-SP)%	Type of Cement
No-Heat	125	123	124	182	182	182	2.29	5.80%	SP1-RMC	0.71%	OPC
Heated	192	188	190	323	230	277	2.31	4.84%	SP1-RMC	0.71%	OPC
UN heated SP	112	112	112	173	175	174	2.28	5.84%	SP1-RMC	0.45%	OPC
No-Heat	113	115	114	176	179	178	2.24	3.80%	SP1-RMC	0.73%	HESPC
Heated	117	119	118	183	181	182	2.24	3.89%	SP1-RMC	0.73%	HESPC
UN heated SP	114	113	113.5	175	178	177	2.24	3.89%	SP1-RMC	0.71%	HESPC
No-Heat	126	124	125	200	196	198	2.33	3.71%	SP2-Pc	0.63%	OPC
Heated	181	179	180	224	230	227	2.31	4.71%	SP2-Pc	0.63%	OPC
UN heated SP	115	114	114.5	193	189	191	2.33	3.71%	SP2-Pc	0.50%	OPC
No-Heat	122	125	123.5	187	182	185	2.43	3.71%	SP2-Pc	0.64%	HESPC
Heated	128	127	127.5	180	182	181	2.33	3.62%	SP2-Pc	0.64%	HESPC
UN heated SP	116	118	117	183	185	184	3.33	3.70%	SP2-Pc	0.63%	HESPC

Tabela -1 Wpływ SP stymulowanego termicznie za pomocą cementu HESPC i OPC oraz 30% BFS na przepływ, zawartość powietrza i gęstość zaprawy.

Influence of Heat stimulated SP with HESPC and OPC cement and 30% BFS on Flow, Air-Content and Density of mortar

Condition of SP	Without Tamp		Average	With tamp		Average	Density gr/cm3	Air-Content %	Type of SP	(C-SP)%	Type of Cement
No-Heat	120	120	120	192	187	190	2.31%	4.21%	SP1-RMC	0.42%	OPC
Heated	180	182	181	210	215	213	2.23%	5.32%	SP1-RMC	0.42%	OPC
UN heated SP	120	118	119	180	182	181	2.32%	4.22%	SP1-RMC	0.39%	OPC
No-Heat	115	117	116	187	182	185	2.31%	4.21%	SP1-RMC	0.46%	HESPC
Heated	126	130	128	194	200	197	2.30%	4.34%	SP1-RMC	0.46%	HESPC
UN heated SP	115	115	115	177	179	178	2.31%	4.35%	SP1-RMC	0.45%	HESPC
No-Heat	117	117	117	183	181	182	2.28%	4.14%	SP2-Pc	0.46%	OPC
Heated	162	158	160	120	224	172	2.30%	4.10%	SP2-Pc	0.46%	OPC
UN heated SP	115	115	115	180	184	182	2.29%	4.13%	SP2-Pc	0.40%	OPC
No-Heat	113	115	114	175	177	176	2.31%	3.94%	SP2-Pc	0.48%	HESPC
Heated	125	125	125	185	189	187	2.31%	4.10%	SP2-Pc	0.48%	HESPC
UN heated SP	112	114	113	178	176	177	2.31%	3.92%	SP2-Pc	0.46%	HESPC

Tabela -3 Wpływ SP stymulowanego termicznie z cementem HESPC i OPC oraz 45% BFS na przepływ, zawartość powietrza i gęstość zaprawy.

Influence of Heat stimulated SP with HESPC and OPC cement and 45% BFS on Flow, Air-Content and Density of mortar

Condition of SP	Without Tamp		Average	With tamp		Average	Density gr/cm3	Air-Content %	Type of SP	(C-SP)%	Type of Cement
No-Heat	115	119	117	189	190	190	2.28%	4.99%	SP1-RMC	0.47%	OPC
Heated	153	155	154	215	217	216	2.20%	5.30%	SP1-RMC	0.47%	OPC
UN heated SP	117	119	118	182	180	181	2.27%	5.00%	SP1-RMC	0.41%	OPC
No-Heat	115	114	114.5	177	175	176	2.30%	4.25%	SP1-RMC	0.50%	HESPC
Heated	123	125	124	190	194	192	2.31%	3.83%	SP1-RMC	0.50%	HESPC
UN heated SP	112	114	113	170	172	171	2.35%	3.82%	SP1-RMC	0.49%	HESPC
No-Heat	114	112	113	167	170	169	2.31%	4.31%	SP2-Pc	0.50%	OPC
Heated	166	168	167	210	216	213	2.30%	4.52%	SP2-Pc	0.46%	OPC
UN heated SP	119	121	120	182	180	181	2.31%	4.41%	SP2-Pc	0.40%	OPC
No-Heat	115	116	115.5	170	166	168	2.31%	3.62%	SP2-Pc	53.00%	HESPC
Heated	120	122	121	166	172	169	2.32%	3.99%	SP2-Pc	0.53%	HESPC
UN heated SP	118	118	118	178	180	179	2.31%	3.63%	SP2-Pc	0.51%	HESPC

Tabela -4 Wpływ SP stymulowanego termicznie za pomocą cementu HESPC i OPC oraz 60% BFS na przepływ, zawartość powietrza i gęstość zaprawy.

Influence of Heat stimulated SP with HESPC and OPC cement and 60% BFS on Flow, Air-Content and Density of mortar

Condition of SP	Without Tamp		Average	With tamp		Average	Density gr/cm3	Air-Content %	Type of SP	(C-SP)%	Type of Cement
No-Heat	122	120	121	192	194	193	2.28%	4.74%	SP1-RMC	0.42%	OPC
Heated	158	160	159	220	222	221	2.27%	5.20%	SP1-RMC	0.42%	OPC
UN heated SP	130	128	129	196	198	197	2.27%	4.56%	SP1-RMC	0.39%	OPC
No-Heat	112	113	112.5	165	167	166	2.29%	4.27%	SP1-RMC	0.50%	HESPC
Heated	117	118	117.5	180	184	182	2.28%	4.39%	SP1-RMC	0.50%	HESPC
UN heated SP	111	110	110.5	160	165	163	2.29%	4.38%	SP1-RMC	0.49%	HESPC
No-Heat	122	124	123	187	185	186	2.30%	4.08%	SP2-Pc	0.46%	OPC
Heated	160	162	161	210	212	211	2.29%	4.31%	SP2-Pc	0.46%	OPC
UN heated SP	115	117	116	184	182	183	2.28%	4.40%	SP2-Pc	0.40%	OPC
No-Heat	113	115	114	148	182	165	2.29%	4.03%	SP2-Pc	0.52%	HESPC
Heated	118	120	119	185	87	136	2.29%	4.17%	SP2-Pc	0.52%	HESPC
UN heated SP	115	117	116	180	181	181	2.30%	4.10%	SP2-Pc	0.50%	HESPC

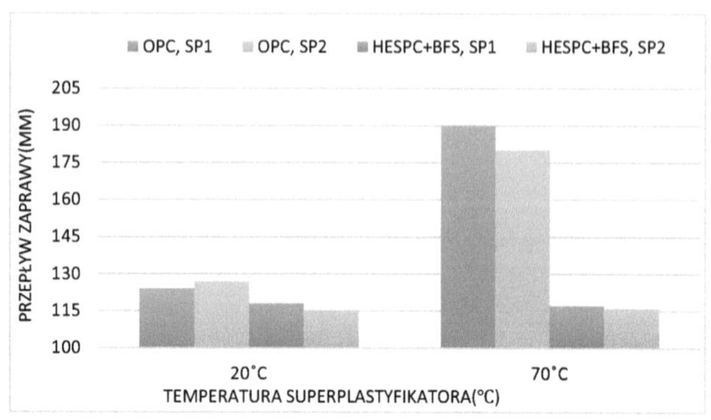

Rysunek -1 Wpływ stymulacji cieplnej na płynność zaprawy

Jeśli skupimy się na powyższym rysunku 4.1 technika stymulacji cieplnej SP powoduje zwiększenie przepływu obu typów kompleksowo o około 30% w porównaniu do nieogrzewanego superplastyfikatora dla cementu typu OPC. Jednak typ SP1 lub mieszanka gotowa poprawia przepływ w porównaniu z typem SP2 lub prefabrykowanym o około 5%. Co więcej, technika stymulacji cieplnej nie ma żadnego wpływu na cement o wysokiej wczesnej wytrzymałości.

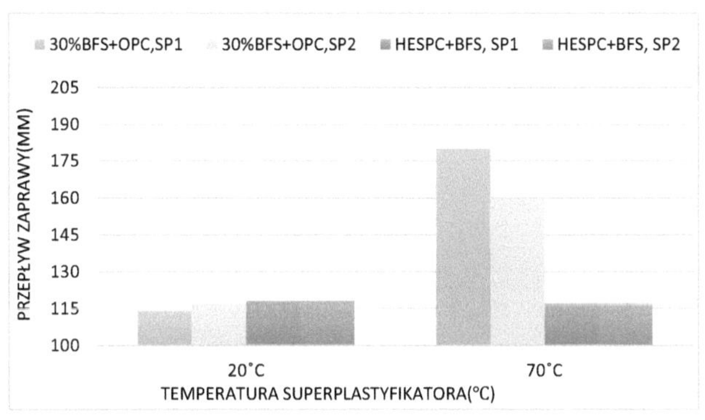

Rysunek -2 Wpływ stymulacji cieplnej SP z 30% BFS na płynność zaprawy

Zastosowanie żużla wielkopiecowego (BFS) powoduje zmniejszenie skuteczności stymulacji cieplnej SP na płynność zaprawy, szczególnie dla domieszki typu SP2, jak pokazano na rysunku 4.2.

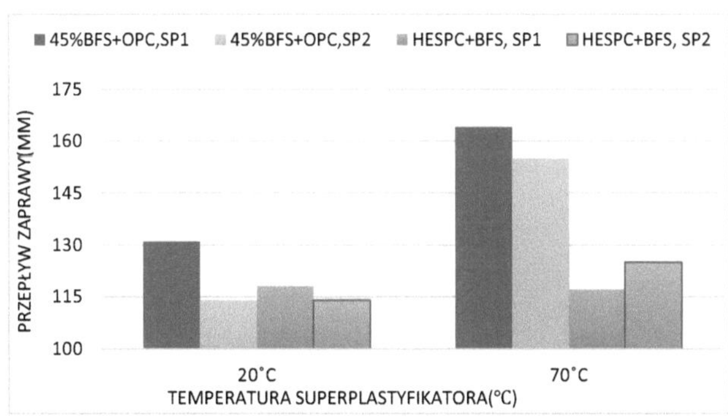

Rysunek -3 Wpływ stymulacji cieplnej SP z 45%BFS na płynność zaprawy

Jak wspomniano wcześniej, poprzez zwiększenie ilości BFS zmniejszono efektywność stymulacji cieplnej. Efekt stymulacji termicznej spadł z 30% do 15%.

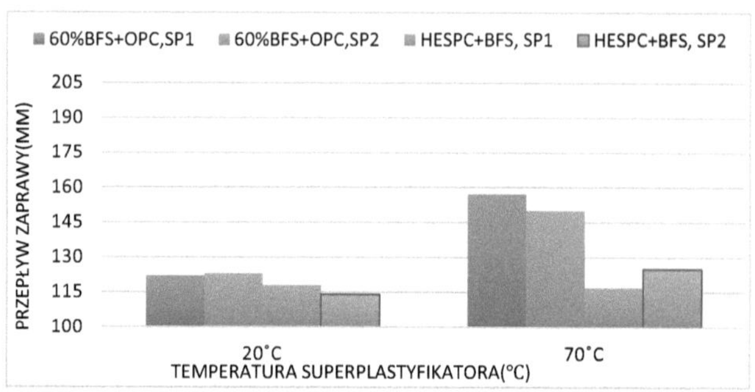

Rysunek -4 Wpływ stymulacji cieplnej SP z BFS na płynność zaprawy

Jak wspomniano wcześniej, jak bardzo jest ilość BFS wzrosła, wydajność stymulacji cieplnej została zmniejszona specjalnie, dla SP2, superplastyfikator typu SP1 miał poprawić przepływ niż typ prefabrykatu w każdym stanie. Co więcej, na cemencie o wysokiej wczesnej wytrzymałości stymulacja cieplna nie ma znaczącego wpływu. Podsumowując, badania nad płynnością i tym specyficznym typem superplastyfikatora miały lepszy wpływ na cement OPC, a SP1 wykazuje dobrą wydajność niż typ prefabrykatu lub SP2 i nie było znaczącej różnicy między 0 i 15 uderzeniami.

4.1.2 Wpływ rodzaju cementu na ogrzewane i nieogrzewane SP

Superplastyfikator ma działać dopiero po adsorpcji na cząstkach cementu, dlatego warto porównać ich adsorpcję. Jak pokazano w tabeli 3.4, największe zapotrzebowanie na SP zaobserwowano w przypadku cementu HESPC, a następnie cementu OPC i BFS. Cement HESPC i cement OPC zawierają większe ilości glinianu w porównaniu z BFS. Raport innych badaczy wykazał, że wraz ze wzrostem zawartości glinianów w cemencie zwiększa się ilość adsorbowanego polimeru.

Podobnie jak poprzedni badacz badał i ustalił wynik tego adsorbu SP na fazach C3A i C4AF oraz ich produktach nawadniających, a nie na fazach krzemianu wapnia. Przy niskim stosunku woda-cement powierzchnia faz śródmiąższowych, zwłaszcza C3A i C4AF, jest pokryta adsorbowanym SP, a więc bardzo mało SP znajduje się w roztworze porów. Dlatego też większa ilość SP jest potrzebna do osiągnięcia pożądanego przepływu w betonie lub zaprawie. W konsekwencji zwiększy to zapotrzebowanie na SP w cementach o wyższej zawartości C3A i C4AF.

Niższe dawki SP wykazały odpowiednią wydajność z BFS zarówno w warunkach podgrzewanych, jak i nieogrzewanych, niż HESPC, powszechnie uważa się, że interakcja cement-SP wynika głównie z zawartości C3A, gipsu (siarczanu) i zasad (J.G. Cabrera 1999, V.M. Malhotra 2000). Inni badacze stwierdzili, że skuteczność badanych domieszek jest wyraźnie lepsza przy niskiej zawartości C3A, C3S i cementu alkalicznego (J. Golaszewski, i J. Szwabowski 2004).

Kolejnym czynnikiem wpływającym na zapotrzebowanie na SP jest drobnoziarnisty charakter cementu Blaine'a. Jak pokazano w tabeli 3.5, stopień rozdrobnienia Blaina (powierzchnia właściwa) cementu HESPC wynosi 4480 g/cm2 , czyli jest wyższy niż stopień rozdrobnienia Blaina w przypadku OPC i BFS. Ponieważ większość powierzchni pochodzi z najmniejszych cząstek, dlatego też SP w cemencie HESPC musi obejmować więcej obszarów w porównaniu z cementem OPC i BFS, dlatego też potrzeba więcej SP.

4.1.3 Wpływ typu cementu i typu SP z BFS na ubytek zaprawy

Płynność zmniejsza się z czasem po wymieszaniu zaprawy. Zmniejszanie się płynności zaprawy nazywane jest ubytkiem zaprawy. Ogólnie uważa się, że nie tylko zaprawy SP z różnych grup bazowych zachowują się inaczej, ale nawet zaprawy SP z tej samej grupy bazowej zachowują się inaczej przy tym samym rodzaju cementu. Z dotychczasowych badań wynika, że początkowe załamanie ma bezpośredni wpływ na utratę płynności zaprawy.

W niniejszych badaniach eksperymentalnych wykorzystano cement portlandzki o wysokiej wczesnej wytrzymałości (HESPC), cement OPC z BFS w połączeniu z ogrzewanym i nieogrzewanym SP, wysiewany lepiej niż cement o wysokiej wczesnej wytrzymałości i BFS. Przez technikę stymulacji cieplnej SP, straty przepływu zostały zmniejszone. Zwiększając ilość BFS zmniejszono straty przepływu, superplastyfikator typu Ready-mix wykazuje lepsze osiągi i poprawia straty przepływu niż superplastyfikator typu pre-cast. Cement OPC w warunkach podgrzewanych i nieogrzewanych poprawia straty skraplania w porównaniu z HESPC. Zastosowanie BFS w zaprawie spowodowało zmniejszenie utraty spływu zaprawy. Chociaż poprzez zastąpienie cementu BFS HESPC poprawia straty spływu w porównaniu z cementem OPC w każdych warunkach. Badacz zbadał, że początkowe załamanie ma wpływ na utratę spływu zaprawy, zamiast tego na utratę spływu wpływa kilka czynników, w tym początkowe załamanie, utrata spływu jest zróżnicowana ze względu na zmienność SP. [VS. Ramachandran, JJ. Beaudoin, Z. Shihua, 1989]. Zwiększając dawkę SP, zwiększono straty przepływu. [Chandra, J. Bjornstrom, 2002]. Częściowe zastąpienie cementu OPC przez BFS powoduje poprawę urabialności oraz zmniejszenie wytrzymałości na ściskanie i retencji szlamu, niektórzy badacze badali, że zastosowanie żużla z cementem powoduje poprawę ubytku przepływu, ale wpływa na to wiele czynników typu cementu typu superplastyfikatora, ale nawet SP z tej samej grupy bazowej zachowują się inaczej [A. Dubey, R. Chandak, R. K. Yadav, 2012].

Tabela -5 Wpływ SP stymulowanego termicznie na straty przepływu zaprawy

Effect of Heat stimulated SP on Flow loss of mortar										
Condition of SP		Time for Measurment of Flow Loss on mm							Type of SP	Type of
No-Heated	Heated	BFS %	0-min	15-min	30-Min	45-Min	60-Min	75-Min		
23℃		0%	170	207	195	162	130	112	SP1	OPC
	70℃	0%	160	230	200	185	135	115	SP1	OPC
23℃		0%	170	129	105				SP2	OPC
	70℃	0%	165	125	105				SP2	OPC
23℃		0%	153	147	140	135	122	112	SP1	HESPC
	70℃	0%	162	152	140	128	115		SP1	HESPC
23℃		0%	170	114	105				SP2	HESPC
	70℃	0%	165	116	105				SP2	HESPC
23℃		30%	160	158	140	125	112		SP1	OPC
	70℃	30%	162	155	135	117	104		SP1	OPC
23℃		30%	165	120	105				SP2	OPC
23℃	70℃	30%	160	117	105				SP2	OPC
23℃		30%	165	145	138	127	120	112	SP1	HESPC
	70℃	30%	167	142	133	120	111		SP1	HESPC
23℃		30%	162	115	105				SP2	HESPC
	70℃	30%	167	112	105				SP2	HESPC
23℃		45%	155	125	112				SP1	OPC
	70℃	45%	155	132	115	105			SP1	OPC
23℃		45%	165	116	108				SP2	OPC
	70℃	45%	160	112	105				SP2	OPC
23℃		45%	170	135	120	110			SP1	HESPC
23℃	70℃	45%	167	130	115	105			SP1	HESPC
23℃		45%	161	116	108				SP2	HESPC
23℃	70℃	45%	161	112	105				SP2	HESPC
23℃		60%	165	133	112				SP1	OPC
	70℃	60%	157	125	110				SP1	OPC
23℃		60%	170	111					SP2	OPC
	70℃	60%	175	112					SP2	OPC
23℃		60%	168	147	117	105			SP1	HESPC
	70℃	60%	172	140	112	105			SP1	HESPC
23℃		60%	170	110					SP2	HESPC
	70℃	60%	175	112					SP2	HESPC

Utrata przepływu jest związana ze stopniem nawodnienia, który różni się w zależności od typu SP i dawkowania. Nawodnienie faz śródmiąższowych następuje głównie w ciągu pierwszej godziny tuż po zmieszaniu z wodą. Płynność byłaby wtedy bardziej związana ze stosunkiem C3S/C2S, wyższy stosunek dawałby większą płynność. Z właściwości chemicznych cementów w tabeli 3.1 wynika, że cement HESPC ma wyższy stosunek C3S/C2S niż OPC, może to być przyczyną większej płynności zaprawy zawierającej RMC typu SP z tym typem cementu. Skutki utraty płynności przy użyciu różnych materiałów przedstawiono na tych rysunkach. Rys. 4.6, rys. 4.7, rys. 4.8, rys. 4.9.

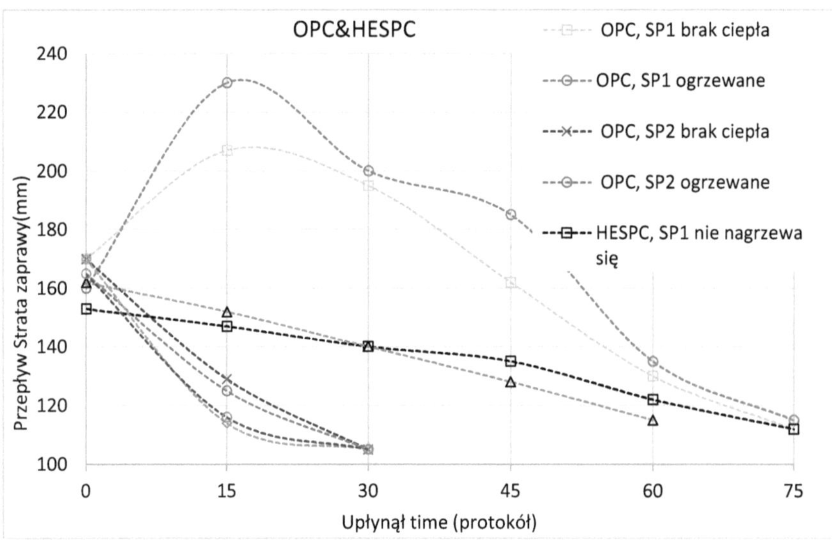

Na rysunku 4.5. wykazano, że utrata przepływu zaprawy w przypadku OPC poprawiła przepływ w porównaniu z natychmiastowym przepływem cementu jest lepsza w przypadku ogrzewanego i nieogrzewanego SP1 lub mieszanki gotowej, ale ogrzewany nieco zmniejszył płynność. Chociaż w przypadku SP2 lub domieszki typu prefabrykowanego utrata płynności nie przekracza 30 minut w warunkach podgrzanych i nieogrzewanych z BFS lub bez.

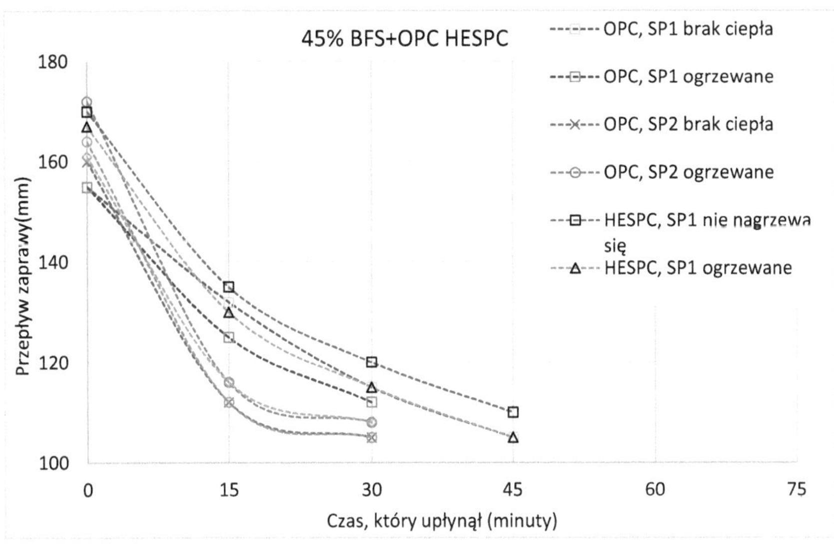

Rysunek -6 Wpływ stymulacji cieplnej SP z 45% BFS na straty przepływu zaprawy

Przepływ zmniejszono zarówno dla HESPC, jak i OPC z czasem upływającym kompleksowo dla obu typów SP specjalnie dla SP1 w stanie ogrzewanym i nieogrzewanym.

Jak opisano wcześniej, że utrata przepływu zaprawy wpłynęła na kilka rodzajów cementu typu super plastyfikator ilość BFS i techniki stymulacji cieplnej. Domieszka typu "ready-mix" charakteryzuje się dobrą wydajnością w każdych warunkach, a OPC poprawia straty przepływu niż HESC, ponadto zwiększenie ilości BFS powoduje zmniejszenie strat przepływu.

4.1.4 Wpływ opóźnionego dodawania podgrzanego SP na płynność zaprawy

Wpływ opóźnienia dodawania SP na płynność świeżej zaprawy pokazano na rys. 4.9. Wyniki wykazały, że wraz ze wzrostem czasu dodawania SP do 5 minut, płynność zaprawy na początku ma tendencję do gwałtownego zwiększania się zarówno w przypadku ogrzewanych, jak i nieogrzewanych SP. Gdy czas dodawania SP zwiększył się do 10 minut, wykres płynności zmniejszał się wraz z łagodnym nachyleniem. Podgrzany SP wykazywał większą płynność niż nieogrzany SP w bezpośrednim dodawaniu i 5-minutowym opóźnieniu dodawania.

Opóźnienie czasu dodawania zwiększało płynność past cementowych, ze względu na zmniejszenie zawartości bezwodnych C3A w pierwszych 10-15 minutach uwodnienia, adsorpcja domieszki w fazach uwodnionych C3S i C3A była mniejsza niż w fazach bezwodnych (Z. Zakka 1989), więc w roztworze wodnocementowym będzie więcej wolnych SP, które będą rozpraszać cząstki cementu przez steryczne odpychanie. W przypadku SP stymulowanego termicznie przeważające założenie mówi, że opóźnione dodawanie SP zaoszczędzi efektu stymulacji cieplnej SP, ponieważ w metodzie natychmiastowego dodawania temperatura SP zostanie zrównoważona z temperaturą wody mieszanej i może zmniejszyć efekt stymulacji cieplnej.

Tabela -6 Wpływ symulacji cieplnej i dodawania SP z OPC i BFS na przepływ, zawartość powietrza i gęstość zaprawy

Effect of Heat simulation and Delay addition of SP with OPC and BFS on Flow, Air-Content and density of mortar

Type & Condit	Addition Time of SP	BFS %	Fluidity of Mortar with and without Tamping						Air-Content	Density gr/cm3
			Without Tamp		Average	With Tamp		Average		
No-Heated SP1	0-min	30%	110	112	111	170	172	171	5.30%	2.266
	5-min	30%	130	132	131	190	194	192	5.10%	2.271
	10-min	30%	140	142	141	180	182	181	5.00%	2.279
No-Heated SP2	0-min	30%	114	116	115	182	184	183	5.20%	2.264
	5-min	30%	135	134	134.5	225	227	226	6.40%	2.271
	10-min	30%	141	143	142	240	242	241	6.50%	2.279
Heated SP1	0-min	30%	145	147	146	245	250	247.5	6.63%	2.23
	5-min	30%	185	187	186	270	272	271	8.90%	2.226
	10-min	30%	192	194	193	275	273	274	7.28%	2.249
Heated SP2	0-min	30%	145	145	145	235	233	234	5.93%	2.282
	5-min	30%	168	168	168	255	255	255	7.67%	2.24
	10-min	30%	170	170	170	260	255	257.5	7.32%	2.25
No-Heated SP1	0-min	45%	114	116	115	180	184	182	6.79%	2.262
	5-min	45%	152	150	151	230	235	232.5	8.38%	2.218
	10-min	45%	147	147	147	245	245	245	7.93%	2.223
No-Heated SP2	0-min	45%	113	113	113	178	180	179	5.93%	2.282
	5-min	45%	135	135	135	210	210	210	6.84%	2.264
	10-min	45%	130	132	131	210	212	211	6.99%	2.259
Heated SP1	0-min	45%	135	134	134.5	230	235	232.5	7.83%	2.237
	5-min	45%	150	152	151	245	245	245	8.44%	2.214
	10-min	45%	146	146	146	240	242	241	8.64%	2.213
Heated SP2	0-min	45%	135	137	136	200	200	200	6.61%	2.268
	5-min	45%	150	152	151	214	216	215	7.34%	2.248
	10-min	45%	146	144	145	220	220	220	6.71%	2.268
No-Heated SP1	0-min	60%	111	113	112	175	177	176	6.61%	2.266
	5-min	60%	130	132	131	210	212	211	8.62%	2.217
	10-min	60%	136	134	135	234	236	235	8.93%	2.216
No-Heated SP2	0-min	60%	115	113	114	182	184	183	7.16%	2.254
	5-min	60%	132	134	133	225	227	226	6.95%	2.26
	10-min	60%	130	132	131	230	225	227.5	6.12%	2.266
Heated SP1	0-min	60%	135	137	136	230	230	230	6.89%	2.259
	5-min	60%	155	157	156	245	247	246	9.89%	2.186
	10-min	60%	152	154	153	263	262	262.5	9.74%	2.19
Heated SP2	0-min	60%	130	132	131	215	215	215	7.05%	2.257
	5-min	60%	150	152	151	260	260	260	6.95%	2.224
	10-min	60%	145	145	145	250	252	251	6.12%	2.278

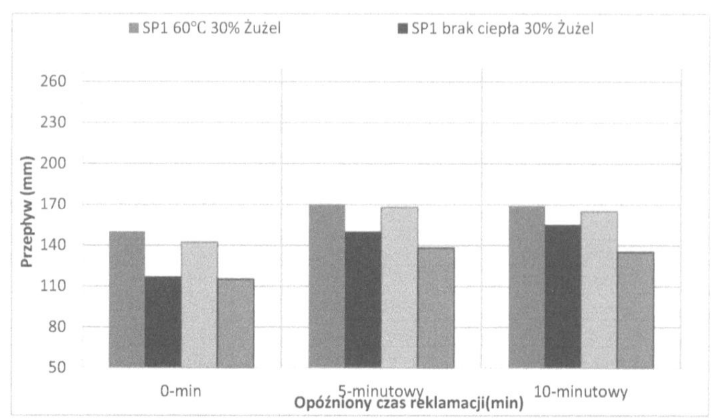

Rysunek -7 Wpływ stymulacji termicznej i dodawania SP z 30 % BFS na płynność zaprawy

Dla 30 % BFS opóźnienie dodania superplastyfikatora powoduje kompleksową poprawę płynności zaprawy Specjalnie dla domieszki typu SP1. Przepływ zwiększał się jeszcze przy 10-minutowym opóźnieniu, ale SP2 nieznacznie zmniejszał przepływ przy 10-minutowym opóźnieniu dodatku. Jak wspomniano wcześniej, SP1 poprawiła przepływ w każdych warunkach w porównaniu z SP2.

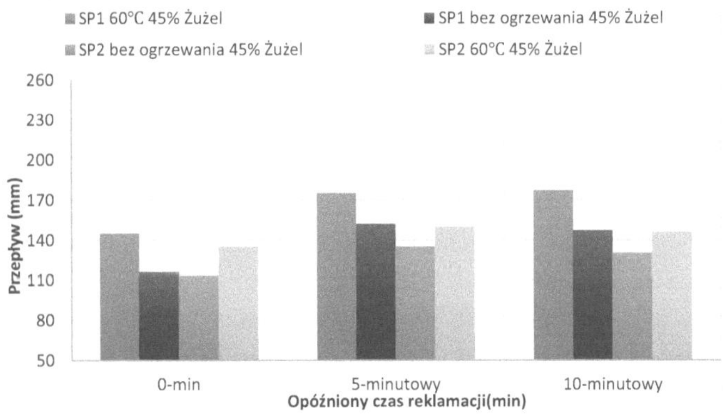

Rysunek -8 Wpływ stymulacji cieplnej i opóźnionego dodawania SP z 45 % BFS na płynność zaprawy

Efekt stymulacji termicznej dla 45% BFS spowodował zmniejszenie efektywności stymulacji termicznej dla natychmiastowego i opóźnionego dodawania SP, szczególnie dla SP2.

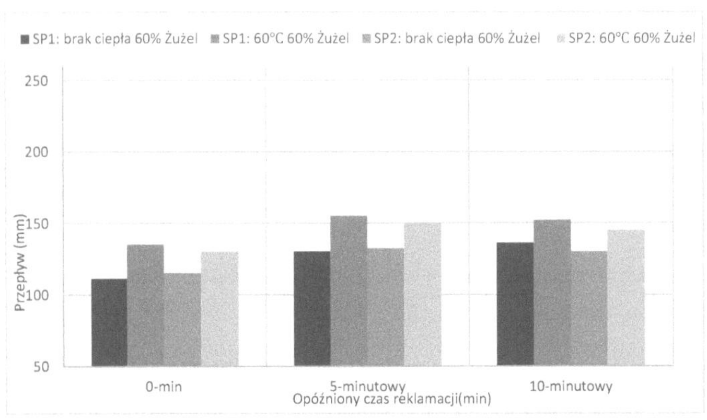

Rysunek -9 stymulacji cieplnej i opóźnionego dodawania SP z 60 % BFS na płynność zaprawy

Podsumowując wydajność stymulacji termicznej i dodatku opóźniającego SP z różną ilością BFS, wynik pokazuje, że poprzez zwiększenie ilości BFS wydajność stymulacji termicznej i dodatku opóźniającego została zmniejszona.

4.1.5 Wpływ stymulacji cieplnej, natychmiastowego i opóźnionego dodawania SP na zawartość powietrza w moździerzu

Zasysanie powietrza jest niezbędnym składnikiem mieszanek betonowych narażonych na działanie mrozu i rozmrażania. Ze względu na zmieniające się materiały, warunki mieszania i metody układania betonu, osiągnięcie docelowej zawartości powietrza wymaga uwagi na etapie projektowania, specyfikacji i budowy. Betonowe chodniki i konstrukcje w wielu regionach narażone są na bardzo surowe warunki zimowe, w tym opady śniegu, stosowanie dużych ilości środków przeciwoblodzeniowych oraz wiele cykli zamrażania i rozmrażania. Woda rozszerza się po zamarznięciu do 9%, wywołując siły przekraczające wytrzymałość betonu na rozciąganie. Powtarzające się cykle zamrażania i rozmrażania mogą prowadzić do kumulacji uszkodzeń w postaci pęknięć i łuszczenia się betonu.

Od ponad 60 lat porwane powietrze jest celowo włączane do mieszanek betonowych w celu zmniejszenia uszkodzeń spowodowanych cyklami zamrażania i rozmrażania. Domieszki lub środki przepuszczające powietrze używane są do wytworzenia stabilnego systemu dyskretnych pustek powietrznych w betonie. Puste przestrzenie powietrzne zapewniają puste przestrzenie w betonie, które działają jak zbiorniki na zamarzającą wodę, zmniejszając ciśnienie i zapobiegając uszkodzeniom betonu. Uwolnione powietrze powstaje podczas mechanicznego mieszania betonu, który zawiera domieszkę odprowadzającą powietrze. Działanie ścinające łopatek mieszadła powoduje ciągłe rozbijanie powietrza na drobny system pęcherzyków. Domieszki odprowadzające powietrze stabilizują te pęcherzyki powietrza.

Po stwardnieniu betonu, odlewy oryginalnych pęcherzyków powietrza pozostają w utwardzonym betonie jako puste przestrzenie. Jest to powszechnie nazywane "systemem unikania powietrza" w utwardzonym betonie. Głównymi parametrami systemu unikania powietrza są: całkowita zawartość powietrza, średni współczynnik odstępów między pustkami powietrznymi oraz powierzchnia właściwa. Uwolnione powietrze składa się z mikroskopijnie małych pęcherzyków, z których prawie wszystkie mają średnice większe niż 10 mikrometrów (0,0004 cala) i mniejsze niż 1 mm (0,04 cala). Pęcherzyki te są równomiernie rozmieszczone w całym betonie. Względna odległość pomiędzy pustkami jest określana jako współczynnik rozstawu.

Współczynnik rozstawu to w przybliżeniu odległość, jaką musiałaby przebyć woda przed wejściem do pustki powietrznej, co zmniejsza ciśnienie. Mniejszy odstęp jest lepszy. Powierzchnia właściwa wskazuje względną liczbę i wielkość pęcherzyków powietrza dla danej objętości powietrza. Większa powierzchnia właściwa jest lepsza, ponieważ wskazuje na większą liczbę małych pęcherzyków powietrza. Współczynnik rozstawu mniejszy niż 0,2 mm (0,008 cala) i powierzchnia właściwa większa niż 24 mm2 /mm3 (600 cali / 3) są uważane za niezbędne do utrzymania trwałości podczas mrożenia. Całkowita objętość powietrza w betonie jest zazwyczaj mierzona na plastikowym betonie. Wymagana zawartość powietrza w betonie zmniejsza się wraz ze wzrostem wielkości kruszywa tak, że około 9 procent powietrza jest utrzymywane w frakcji zaprawy. Ogólne zalecenia dotyczące całkowitej zawartości powietrza w betonie. Ze względu na znaczenie zawartości powietrza dla środowiska zamarzania i rozmrażania, a także jego odwrotny wpływ na wytrzymałość na ściskanie, przyjęto ocenę stymulacji termicznej superplastyfikatora dla zawartości powietrza w zaprawie.

W niniejszym opracowaniu doświadczalnym zaobserwowano, że na zawartość powietrza w zaprawie mogą mieć również wpływ różne czynniki, takie jak rodzaj cementu typu superplastyfikatora ilość BFS, temperatura zewnętrzna oraz czas dodawania superplastyfikatorów. Efektywność techniki stymulacji cieplnej, czas dodawania opóźniaczy oraz ilość BFS zilustrowano w następujący sposób:

W przypadku 30 % żużlu wielkopiecowego zawartość powietrza w podgrzanym SP1 lub domieszce typu "ready-mix" przy natychmiastowym dodaniu wzrosła, ale przy opóźnionym dodaniu zawartość powietrza została zmniejszona; z drugiej strony, w przypadku podgrzanego SP2 przy natychmiastowym dodaniu zawartość powietrza została zmniejszona, ale przy opóźnionym dodaniu zawartość powietrza została zwiększona. Ponadto, podczas gdy w przypadku ogrzewanego i nieogrzewanego nadplastyfikatora przepływ ten był w większości przypadków łączony, to w przypadku ogrzewanego SP przepływ ten był nieznacznie zmniejszony (rys. 4.12).

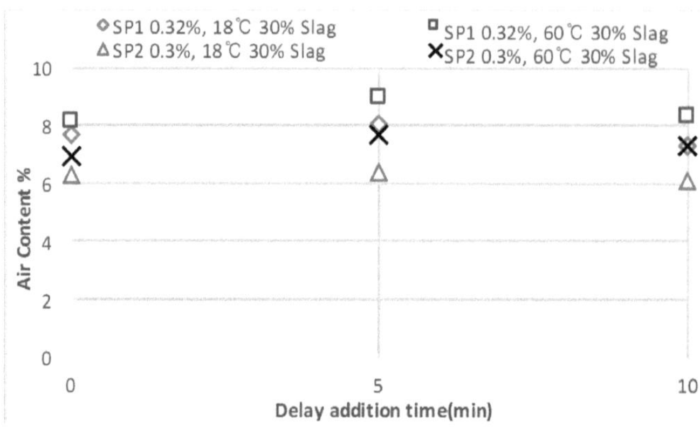

Rysunek -10 Wpływ stymulacji cieplnej i opóźnionego dodawania SP z 30% BFS na zawartość powietrza w zaprawie murarskiej

Dla 45% BFS, zawartość powietrza dla ogrzanej domieszki typu SP1 lub gotowej mieszanki została zwiększona po natychmiastowym i opóźnionym dodaniu. Natomiast w przypadku domieszki typu SP2 po natychmiastowym i opóźnionym dodaniu zawartość powietrza została nieznacznie zmniejszona. Wreszcie, podgrzana SP1 spowodowała więcej powietrza w zaprawie niż SP2 (rys. 4.13).

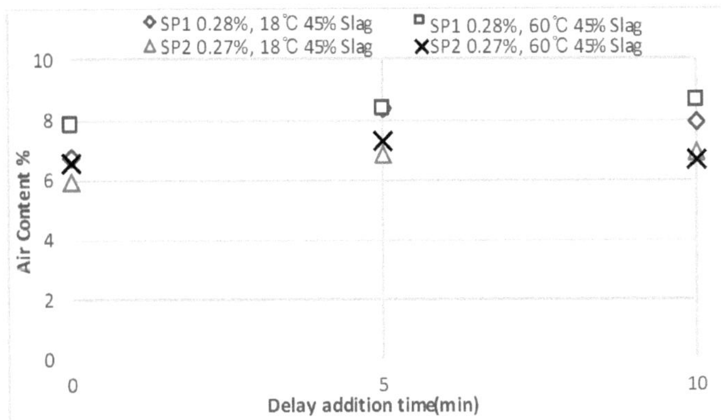

Rysunek -11 Wpływ stymulacji cieplnej i opóźnionego dodawania SP z 45% BFS na zawartość powietrza w zaprawie murarskiej

Dla 60% BFS, przy natychmiastowym czasie dodawania ogrzanego SP, nie było żadnych znaczących zmian, ale przy opóźnionym dodawaniu, stan ogrzany zarówno SP1 i SP2 wpłynął na więcej powietrza w moździerzu niż nieogrzany. Zawartość powietrza w zaprawie SP1 była wyższa niż SP2 (rys. 4.14).

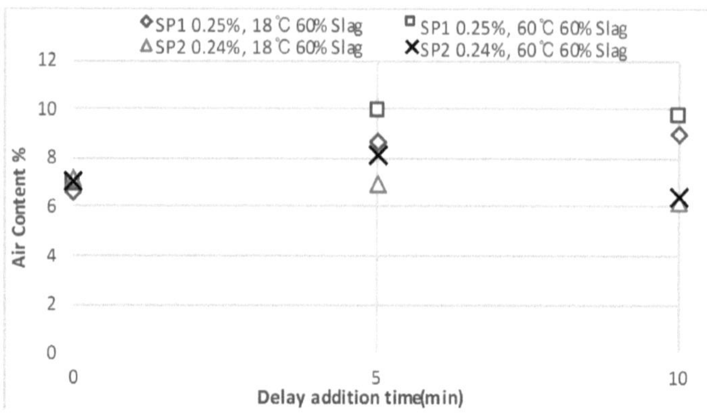

Rysunek -12 Wpływ stymulacji cieplnej i dodawania SP z 60% BFS na zawartość powietrza w zaprawie murarskiej

4.1.6 Łączny wpływ stymulacji cieplnej i opóźnionego dodawania SP z BFS na świeżość zaprawy.

W badaniach tych badano świeżą gęstość zaprawy, która zawierała podgrzany, nieogrzany superplastyfikator oraz różne procenty BFS z wymianą cementu OPC. W trakcie badań stwierdzono, że na gęstość zaprawy wpływa kilka czynników, takich jak temperatura zewnętrzna, ilość BFS i czas dodawania opóźnienia. Wyniki BFS dla różnych wartości procentowych są następujące:

Dla 30% zastąpił BFS, wskazano, że przy bezpośrednim i 5-minutowym opóźnieniu dodatku, gęstość ogrzanego SP1 została zmniejszona w porównaniu z ogrzanym SP2. W konsekwencji, przy 10-minutowym opóźnieniu dodatku, gęstość zaprawy dla obu rodzajów ogrzewanych nadplastyfikatorów była w przybliżeniu taka sama (rys. 4.13).

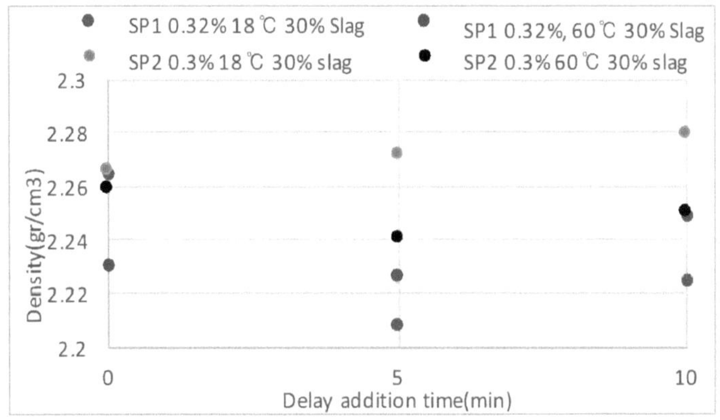

Rysunek -13 Wpływ stymulacji cieplnej i opóźnionego dodawania SP z 30% BFS na gęstość zaprawy

W przypadku 45% zastąpionego BFS gęstość zaprawy dla ogrzewanej domieszki typu SP2 lub PC była wyższa w porównaniu z SP1 przy natychmiastowym i opóźnionym dodawaniu. Ponadto na 5-minutowym opóźnieniu mieliśmy małą gęstość niższą niż 10-minutowa z uwagi na większy przepływ w tym punkcie (rys. 4.14).

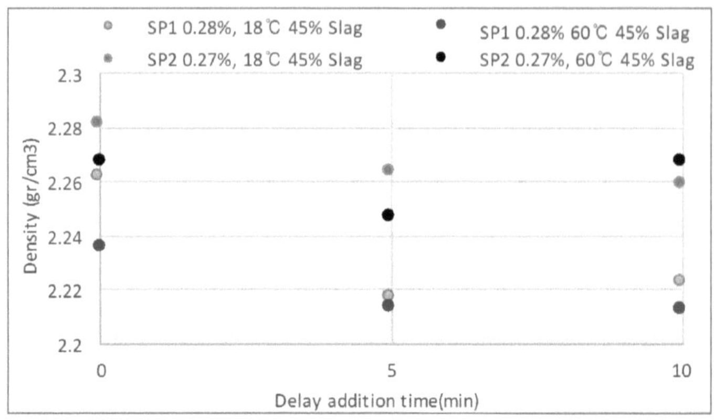

Rysunek -14 Wpływ stymulacji cieplnej i opóźnionego dodawania SP z 30% BFS na gęstość zaprawy

W przypadku 60% zastąpionej BFS, przy bezpośrednim dodaniu ogrzanego i nieogrzanego stanu SP, nie zaobserwowano istotnego wpływu na gęstość. Natomiast przy opóźnionym dodaniu ogrzanej SP1 i SP2 gęstość zaprawy uległa zmniejszeniu (rys. 16).

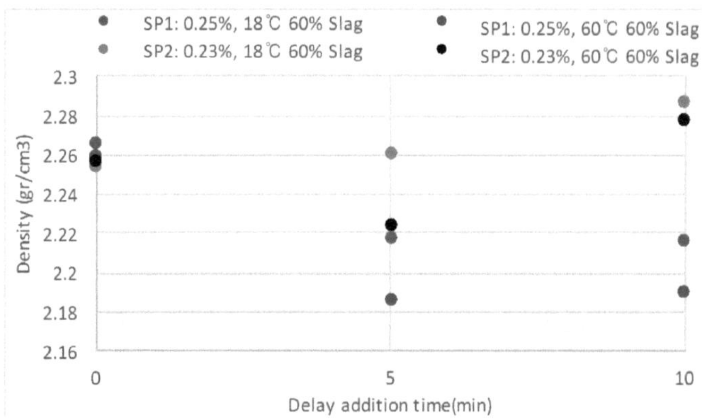

Rysunek -15 Wpływ stymulacji termicznej i dodawania SP z 60% BFS na gęstość zaprawy

4.1.7 Wpływ ciepła stymulowanego SP z BFS na zawartość powietrza i gęstość zaprawy, gdy przepływ został zjednoczynywany ze względu na zmienność cementu

Na zawartość i gęstość powietrza mają również wpływ odchylenia materiału i jego stan. Na przykład, SP1 zwiększa zawartość powietrza i zmniejsza jego gęstość w porównaniu z SP2 w warunkach ogrzewanych i nieogrzewanych. Zawartość powietrza w cemencie OPC została zwiększona, a gęstość zmniejszona w porównaniu z HESPC. Ponadto, poprzez zwiększenie ilości BFS, zmniejszono zawartość powietrza i zwiększono gęstość w cemencie OPC. Z drugiej strony, w przypadku cementu HESPC poprzez zwiększenie ilości BFS zwiększono zawartość powietrza i zmniejszono gęstość w istniejącym superplastyfikatorze typu SP1. W większości przypadków, stymulacja cieplna SP1 spowodowała nieznaczny wzrost zawartości powietrza. Jak wspomniano, stymulacja cieplna zwiększa przepływ, wysoki przepływ powoduje wzrost zawartości powietrza, w tym badaniu płynność ogrzewanego i nieogrzewanego SP została zjednoczona, a następnie zmierzono zawartość powietrza. Niższe wartości przedstawione są na rysunkach [4.18], [4.19]. Na kolejnych rysunkach przedstawiono gęstość Rys. [4.20], Rys. [4.21].

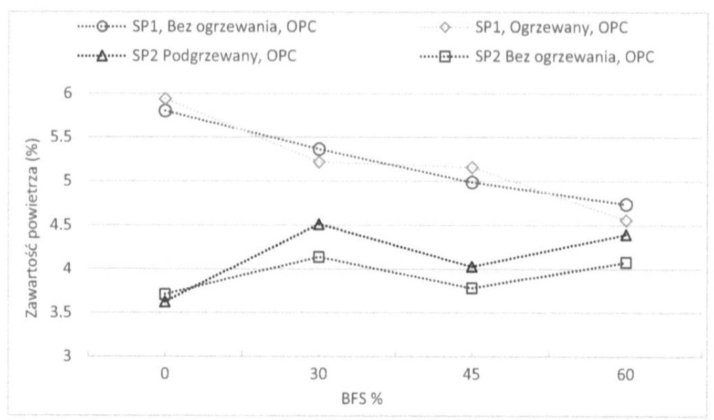

Rysunek -16 Wpływ ciepła stymulowanego termicznie SP z BFS na zawartość powietrza o zunifikowanej płynności

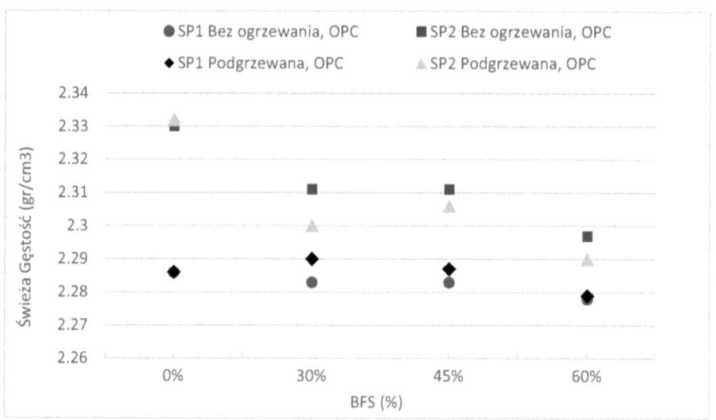

Rysunek -17 Wpływ ciepła stymulowanego termicznie SP z BFS na gęstość przy jednorodnej płynności

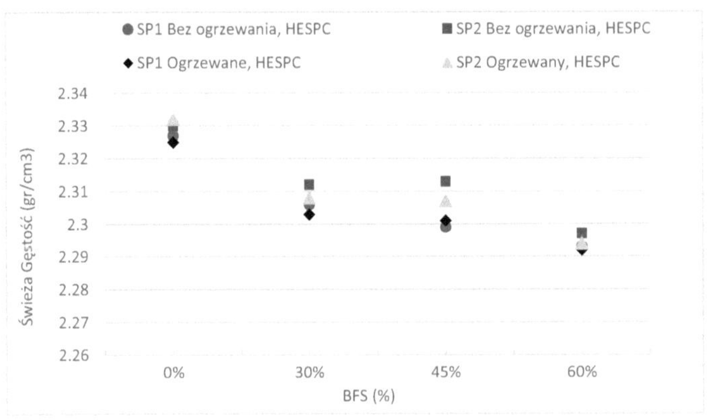

Rysunek -18 Wpływ SP stymulowanego termicznie z BFS na gęstość przy swobodnej płynności zaprawy

4.2 Hartowana własność zaprawy murarskiej

4.2.1 Wpływ ciepła stymulowanego SP z różną ilością BFS na wytrzymałość zaprawy na ściskanie

Wynik analizy wskazuje, że na wytrzymałość zaprawy na ściskanie mogą mieć również wpływ różne czynniki, takie jak temperatura zewnętrzna, ilość żużla i opóźniony czas dodawania superplastyfikatora i rodzaju cementu. W celu określenia wytrzymałości na ściskanie zaprawy wykonano w tym samym czasie potrójną próbkę do zderzenia. Poniższa tabela zawiera dane dotyczące wytrzymałości na ściskanie dla stymulacji cieplnej i opóźnionego dodawania SP z dwoma rodzajami cementu i BFS.

Tabela -7 Dane doświadczalne dotyczące stymulacji cieplnej SP bez BFS

Effect of Heat Stimulation and Delay addition of SP with 0% BFS and OPC cement on Compressive Strength of Mortar							
Condition of SP	Addition Time of SP	Duration	Compressive Strength			Average	Comments
			No-1	No-2	No-3		
Heated SP1	0-minutes	7-Days	72.5	61.3	63.2	65.7	
	0-minutes	28-Days	73.9	75.1	71.9	73.6	
	5-minutes	7-Days	55.4	64.7	63.9	61.3	
	5-minutes	28-Days	67.8	67.9	76.4	70.7	
	10-minutes	7-Days	53.5	64.9	59.2	59.2	
	10-minutes	28-Days	82.3	75.2	81.3	79.6	
No-Heated SP1	0-minutes	7-Days	57.8	67.2	59.8	61.6	
	0-minutes	28-Days	77.2	72.9	73.2	74.4	
	5-minutes	7-Days	59.1	54.3	53.3	55.6	
	5-minutes	28-Days	75.9	65.8	84.3	75.3	
	10-minutes	7-Days	59.4	65.3	56.4	60.4	
	10-minutes	7-Days	87.2	64.3	71.1	74.2	
Heated SP2	0-minutes	7-Days	59.8	69.3	66.4	65.2	
	0-minutes	28-Days	87.1	83.2	74.3	81.5	
	5-minutes	7-Days	58.4	67.3	62.2	62.6	
	5-minutes	28-Days	72.3	65.4	70.7	69.5	
	10-minutes	7-Days	56.9	62.6	65.4	61.6	
	10-minutes	28-Days	80.5	75.3	77	77.6	
No-Heated SP2	0-minutes	7-Days	65.4	70.5	56.3	64.1	
	0-minutes	28-Days	90.3	86.3	89.3	88.6	
	5-minutes	7-Days	65.2	59.6	58.9	61.2	
	5-minutes	28-Days	80.3	74.2	71.5	75.3	
	10-minutes	7-Days	68.3	63.8	74.9	69.0	
	10-minutes	28-Days	85.6	78.3	79.7	81.2	

Tabela -8 Dane doświadczalne dotyczące stymulacji termicznej SP z 30% BFS

Effect of Heat Stimulation and Delay addition of SP with Replacement of 30% BFS by OPC cement on Compressive Strength of Mortar							
Condition of SP	Addition Time of SP	Type of Cement	Compressive Strength			Average	Comments
			No-1	No-2	No-3		
Heated SP1	0-minutes	7-Days	51.3	47.2	48.2	48.9	
	0-minutes	28-Days	81.1	73.3	84.1	79.5	
	5-minutes	7-Days	39.5	45.7	40.2	41.8	
	5-minutes	28-Days	60.2	47.3	60.4	56.0	
	10-minutes	7-Days	35.6	44.2	41.2	40.3	
	10-minutes	28-Days	72.4	57.6	66.1	65.4	
No-Heated SP1	0-minutes	7-Days	54.1	45.2	58.2	52.5	
	0-minutes	28-Days	78.2	83.8	74.5	78.8	
	5-minutes	7-Days	39.5	45.7	40.2	41.8	
	5-minutes	28-Days	73.2	68.5	61.7	67.8	
	10-minutes	7-Days	47.6	49.5	44.2	47.1	
	10-minutes	7-Days	65.2	67.7	66.5	66.5	
Heated SP2	0-minutes	7-Days	44.6	49.5	56.5	50.2	
	0-minutes	28-Days	68.1	77.3	73.2	72.9	
	5-minutes	7-Days	43.5	43.8	42.3	43.2	
	5-minutes	28-Days	62.3	56.3	61.2	59.9	
	10-minutes	7-Days	51.3	45.2	48.4	48.3	
	10-minutes	28-Days	55.3	59.1	53.9	56.1	
No-Heated SP2	0-minutes	7-Days	50.8	39.5	52.3	47.5	
	0-minutes	28-Days	66.3	73.2	67.1	68.9	
	5-minutes	7-Days	35.4	45.7	47.2	42.8	
	5-minutes	28-Days	69.9	59.3	73.7	67.6	
	10-minutes	7-Days	35.2	42.4	52.2	43.3	
	10-minutes	28-Days	57.4	64.3	65.4	62.4	

Efektywność tych czynników jest następująca:

Dla 0% BFS przy natychmiastowym dodaniu podgrzanej domieszki typu SP1 i SP2, 7-dniowa wytrzymałość na ściskanie nieznacznie wzrosła. Z drugiej strony, 28-dniowa wytrzymałość na ściskanie obu typów podgrzanych domieszek SP1 i SP2 nieznacznie wzrosła. Natomiast przy opóźnionym dodawaniu, 28-dniowa wytrzymałość na ściskanie obu podgrzanych domieszek typu SP uległa zmniejszeniu (rys. 4.18).

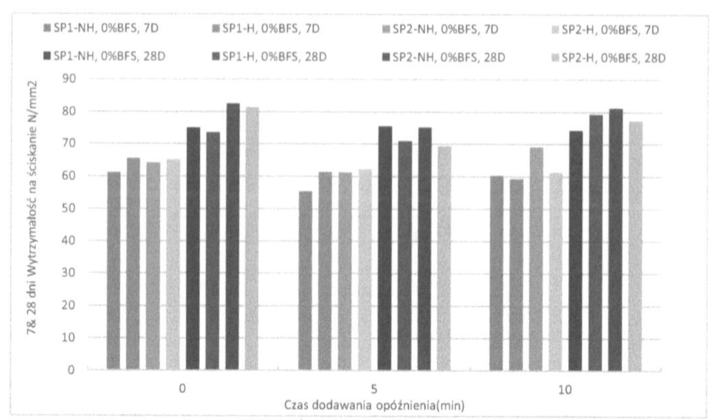

Rysunek -19 Wpływ stymulacji cieplnej i opóźnionego dodawania SP z BFS na wytrzymałość zaprawy na ściskanie

Tabela -9 Dane doświadczalne dla SP stymulowanego termicznie z 45% BFS

Effect of Heat Stimulation and Delay addition of SP with Replacement of 45% BFS by OPC cement on Compressive Strength of Mortar

Condition of SP	Addition Time of SP	Type of Cement	Compressive Strength			Average	Comments
			No-1	No-2	No-3		
Heated SP1	0-minutes	7-Days	32.4	38.2	35	35.2	
	0-minutes	28-Days	67.3	60.5	59.3	62.4	
	5-minutes	7-Days	33.2	36.5	37	35.6	
	5-minutes	28-Days	53.8	51.2	50.2	51.7	
	10-minutes	7-Days	37.4	34.4	38.2	36.7	
	10-minutes	28-Days	51.3	53.7	5.2	36.7	
No-Heated SP1	0-minutes	7-Days	41.3	48.2	35.3	41.6	
	0-minutes	28-Days	75.3	63.9	73.3	70.8	
	5-minutes	7-Days	31.9	36.2	32.9	33.7	
	5-minutes	28-Days	50.2	61.3	51.5	54.3	
	10-minutes	7-Days	42.1	35.2	34.5	37.3	
	10-minutes	7-Days	55.3	52.6	63.8	57.2	
Heated SP2	0-minutes	7-Days	42.2	46.2	36.4	41.6	
	0-minutes	28-Days	57.9	63.2	57.6	59.6	
	5-minutes	7-Days	34.4	32.7	36.3	34.5	
	5-minutes	28-Days	62.1	56.3	60.9	59.8	
	10-minutes	7-Days	34.5	39.6	41.3	38.5	
	10-minutes	28-Days	60.1	64.3	55	59.8	
No-Heated SP2	0-minutes	7-Days	36.8	45.2	42.1	41.4	
	0-minutes	28-Days	65.3	55.9	69.2	63.5	
	5-minutes	7-Days	38.3	33.2	31.5	34.3	
	5-minutes	28-Days	65.6	61.3	59.9	62.3	
	10-minutes	7-Days	41.3	33.8	39.9	38.3	
	10-minutes	28-Days	53.7	58.8	50.5	54.3	

Dla 30% BFS przy natychmiastowym dodaniu podgrzanej domieszki typu SP1, 7-dniowa wytrzymałość na ściskanie nieznacznie wzrosła, ale SP2 nieznacznie spadła. Z drugiej strony, 28-dniowa wytrzymałość na ściskanie obu podgrzanych domieszek typu SP nieznacznie wzrosła. Natomiast przy opóźnionym dodawaniu, 28-dniowa wytrzymałość na ściskanie obu ogrzanych SP uległa zmniejszeniu (rys. 4.23).

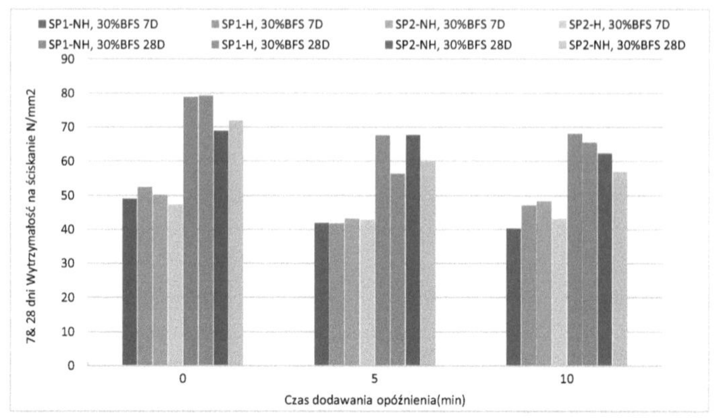

Rysunek -20 Wpływ stymulacji cieplnej i dodawania opóźniającego SP z 30% BFS na wytrzymałość zaprawy na ściskanie

W przypadku 45% BFS przy natychmiastowym dodaniu ogrzanej domieszki typu RMC zmniejszono 7-dniową wytrzymałość na ściskanie, natomiast w przypadku domieszki typu PC wytrzymałość na ściskanie była taka sama, a w przypadku 28-dniowym zmniejszono wytrzymałość na ściskanie stanu ogrzanego i czas dodawania opóźnienia w stosunku do nieogrzanego (rys. 4.24).

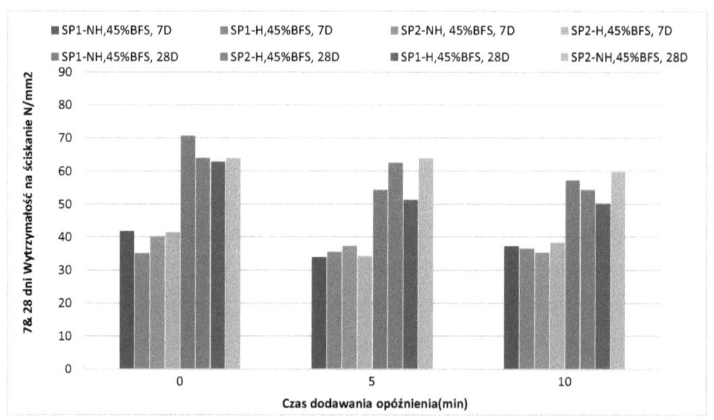

Rysunek -21 Wpływ stymulacji cieplnej i opóźnionego dodawania SP z 45% BFS na wytrzymałość zaprawy na ściskanie

Tabela -10 Dane doświadczalne dla SP stymulowanego termicznie z 60%BFS

Effect of Heat Stimulation and Delay addition of SP with Replacement of 60% BFS by OPC cement on Compressive Strength of Mortar							
Condition of SP	Addition Time of SP	Type of Cement	Compressive Strength			Average	Comments
			No-1	No-2	No-3		
Heated SP1	0-minutes	7-Days	32.1	36.3	37.2	35.2	
	0-minutes	28-Days	54.3	45.2	49.2	49.6	
	5-minutes	7-Days	31.6	30.6	31.3	31.2	
	5-minutes	28-Days	43.5	45	44.4	44.3	
	10-minutes	7-Days	35.2	32.7	31.8	33.2	
	10-minutes	28-Days	48.3	49.5	45.1	47.6	
No-Heated SP1	0-minutes	7-Days	37.9	32.6	38.8	36.4	
	0-minutes	28-Days	56.3	52.1	55.3	54.6	
	5-minutes	7-Days	30.4	32.5	32.3	31.7	
	5-minutes	28-Days	52.1	47.3	53.2	50.9	
	10-minutes	7-Days	33.1	34.5	37.4	35.0	
	10-minutes	7-Days	45.9	50.3	40.1	45.4	
Heated SP2	0-minutes	7-Days	38.5	44.3	32.6	38.5	
	0-minutes	28-Days	45.7	40.4	47.8	44.6	
	5-minutes	7-Days	34.3	39.4	32.6	35.4	
	5-minutes	28-Days	48.8	43.5	41.3	44.5	
	10-minutes	7-Days	36.9	38.8	34.5	36.7	
	10-minutes	28-Days	25	24.4	30.6	26.7	
No-Heated SP2	0-minutes	7-Days	42.3	35.2	41.5	39.7	
	0-minutes	28-Days	62.5	55.7	57	58.4	
	5-minutes	7-Days	32	31.5	33.2	32.2	
	5-minutes	28-Days	45.7	52.3	50.2	49.4	
	10-minutes	7-Days	25.6	29.3	26.9	27.3	
	10-minutes	28-Days	38.9	33.6	39.4	37.3	

Dla 60% BFS wytrzymałość na ściskanie SP stymulowanego termicznie przy dodawaniu opóźnienia była mniejsza niż nieogrzanego SP (rys. 12).

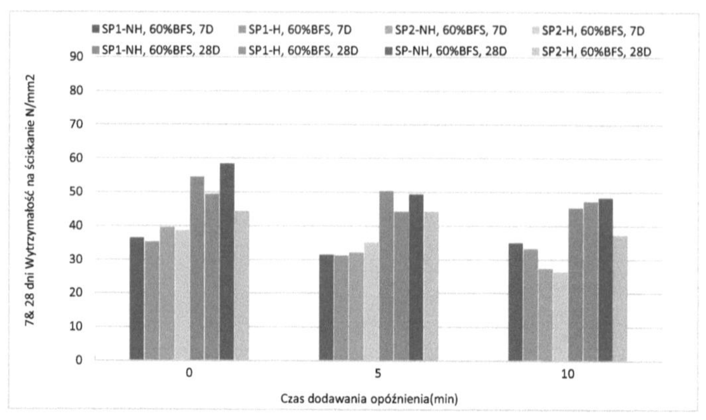

Rysunek -22 Wpływ stymulacji cieplnej i dodawania SP z 60%BFS na wytrzymałość zaprawy na ściskanie

Jak opisano wcześniej dodanie opóźnienia i stymulacja cieplna SP spowodowało poprawę płynności zaprawy. Poprzez zwiększenie przepływu zaprawy zwiększono zawartość powietrza, zmniejszono gęstość i wytrzymałość na ściskanie. Ponadto, poprzez zwiększenie ilości BFS, kompleksowo obniżono wytrzymałość na ściskanie.

4.2.2 Wpływ ciepła stymulowanego SP z BFS na wytrzymałość zaprawy na ściskanie w czasie gdy przepływ był zjednoczony

Wytrzymałość na ściskanie jest jedną z ważnych, utwardzonych właściwości zaprawy cementowej. Jest to również ściekanie pod wpływem kilku czynników, rodzaju cementu, ilości domieszek BFS i techniki stymulacji cieplnej oraz płynności zaprawy. Jak wspomniano wcześniej, stymulacja cieplna SP zwiększyła przepływ zaprawy. Dlatego też przepływ dla ogrzanego i nieogrzanego SP został zjednoczony, a następnie wykonano próbkę. 7-dniowa wytrzymałość na ściskanie cementu HESPC była w różnych przypadkach równa 28-dniowej wytrzymałości na ściskanie OPC. Ponadto, poprzez zwiększenie ilości BFS wytrzymałość na ściskanie została zmniejszona kompleksowo, stymulacja termiczna SP nieznacznie zwiększyła wytrzymałość na ściskanie z BFS i bez. Wreszcie, pre-cast typu superplastyfikator wykazuje większą wytrzymałość na ściskanie niż typu Ready-mix w warunkach ogrzewanych i nieogrzewanych. Tabela i rysunki przedstawione jak poniżej, z różną ilością BFS i temperatury. Rys. [4-25], Rys. [4-26], Rys. [4-27], Rys. [4-28].

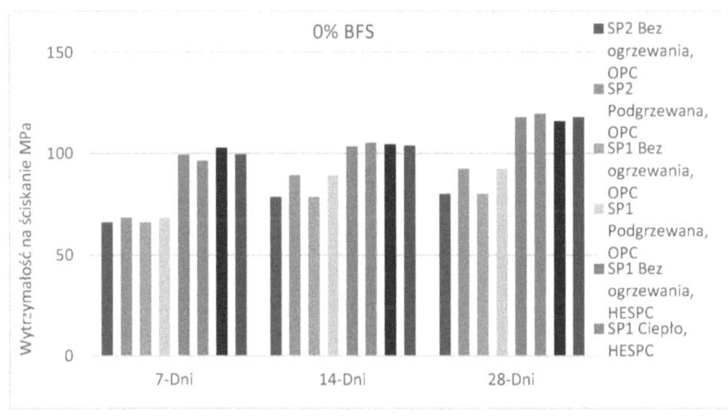

Rysunek -23 Wpływ stymulacji termicznej SP z 0%BFS na wytrzymałość na ściskanie przy swobodnej płynności

Tabela -11 Wpływ stymulacji cieplnej SP za pomocą cementu HESPC i OPC na wytrzymałość zaprawy na ściskanie przy jednoczeniu przepływu.

Effect of Heat Stimulated SP with HESPC and OPC cement on Compressive Strength of Mortar while the Flow was Unitized							
Condition of SP	Duration	Type of Cement	Compressive Strength			Average	Comments
			No-1	No-2	No-3		
Heated SP1	7-Days	OPC	69.4	71.3	64.9	68.5	
	14-Day	OPC	93.2	85.3	89.1	89.2	
	28-Days	OPC	95.4	89.5	91.7	92.2	
	7-Days	HESPC	92.7	99.3	97.5	96.5	
	14-Day	HESPC	105	104	107	105.3	
	28-Days	HESPC	122	118	120	120.0	
No-Heated SP1	7-Days	OPC	69.4	65.3	64.2	66.3	
	14-Day	OPC	80.4	75.3	79.4	78.4	
	28-Days	OPC	80.3	82.9	75.3	79.5	
	7-Days	HESPC	97.9	101	98.9	99.3	
	14-Day	HESPC	98.7	106	105	103.2	
	28-Days	HESPC	117	119	120	118.7	
Heated SP2	7-Days	OPC	68.3	80.5	65.3	71.4	
	14-Day	OPC	87.6	79.4	79.8	82.3	
	28-Days	OPC	99.3	91.9	97	96.1	
	7-Days	HESPC	101	98.5	98.5	99.3	
	14-Day	HESPC	105	102	103	103.3	
	28-Days	HESPC	119	115	120	118.0	
No-Heated SP2	7-Days	OPC	75.9	69.5	74.3	73.2	
	14-Day	OPC	81.9	75.3	80.3	79.2	
	28-Days	OPC	86.9	79.6	80	82.2	
	7-Days	HESPC	106	102	100	102.7	
	14-Day	HESPC	104	108	102	104.7	
	28-Days	HESPC	117	118	114	116.3	

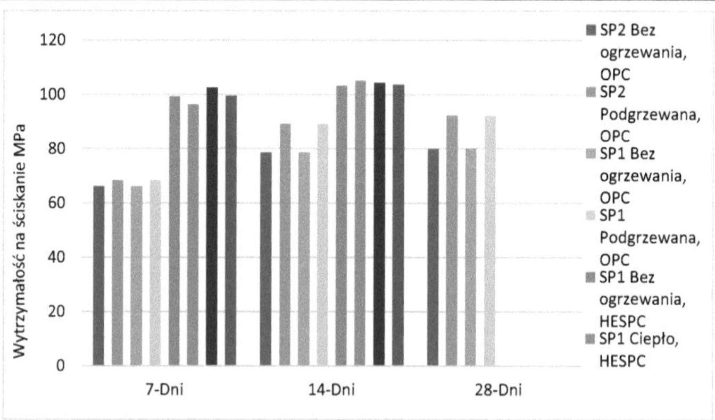

Rysunek -24 Wpływ ciepła stymulowanego SP z 0% BFS na wytrzymałość na ściskanie podczas gdy przepływ był zjednoczony

Tabela -12 Dane doświadczalne dotyczące stymulacji termicznej SP z 30% BFS

Effect of Heat Stimulated SP with HESPC and OPC with 30% Replaced of BFS cement on Compressive Strength of Mortar While the flow was unitized

Condition of SP	Duration	Type of Cement	Compressive Strength			Average	Comments
			No-1	No-2	No-3		
Heated SP1	7-Days	OPC	60.9	58.2	53.2	57.4	
	14-Day	OPC	71.4	78.5	73.2	74.4	
	28-Days	OPC	90.9	76.8	88	85.2	
	7-Days	HESPC	85.3	74.8	78.6	79.6	
	14-Day	HESPC	95.3	89.5	94.5	93.1	
	28-Days	HESPC	101	106	108	105.0	
No-Heated SP1	7-Days	OPC	61.8	58.3	66.1	62.1	
	14-Day	OPC	66.4	58.8	72.2	65.8	
	28-Days	OPC	75.7	71.3	73	73.3	
	7-Days	HESPC	81.7	76.3	76.5	78.2	
	14-Day	HESPC	95.2	87.3	92.1	91.5	
	28-Days	HESPC	99.7	104	103	102.2	
Heated SP2	7-Days	OPC	62.2	54.3	56	57.5	
	14-Day	OPC	76.6	72.9	73.2	74.2	
	28-Days	OPC	90	82.4	83.8	85.4	
	7-Days	HESPC	85.3	78.3	83.7	82.4	
	14-Day	HESPC	99.4	89.3	92.5	93.7	
	28-Days	HESPC	110	105	109	108.0	
No-Heated SP2	7-Days	OPC	57.3	64.3	66.1	62.6	
	14-Day	OPC	70.1	62.9	63	65.3	
	28-Days	OPC	79.3	69.6	71.2	73.4	
	7-Days	HESPC	85.3	78.4	80.6	81.4	
	14-Day	HESPC	98.8	89.8	96.6	95.1	
	28-Days	HESPC	106	112	112	110.0	

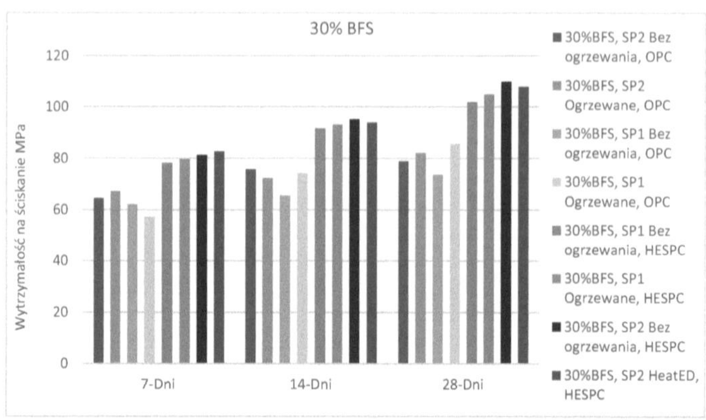

Rysunek -25 Wpływ ciepła stymulowanego SP z 30% BFS na wytrzymałość na ściskanie z przepływem jednostajnym

Tabela -13 Dane doświadczalne dotyczące stymulacji termicznej SP z 45% BFS

Effect of Heat Stimulated SP with HESPC and OPC with 45% Replaced of BFS cement on Compressive Strength of Mortar While the flow was unitized							
Condition of SP	Duration	Type of Cement	Compressive Strength			Average	Comments
			No-1	No-2	No-3		
Heated SP1	7-Days	OPC	42.3	49.2	44.8	45.4	
	14-Day	OPC	75.2	65.3	71.3	70.6	
	28-Days	OPC	82.1	73.9	74.1	76.7	
	7-Days	HESPC	68.2	76.9	69.2	71.4	
	14-Day	HESPC	85.4	76.5	82.1	81.3	
	28-Days	HESPC	95.2	84.3	93.2	90.9	
No-Heated SP1	7-Days	OPC	52.3	58.9	57.2	56.1	
	14-Day	OPC	65.3	60.3	71.9	65.8	
	28-Days	OPC	78.5	72.5	79.3	76.8	
	7-Days	HESPC	69.2	78.1	76.3	74.5	
	14-Day	HESPC	92.3	83.7	90.3	88.8	
	28-Days	HESPC	97.9	93.6	94.2	95.2	
Heated SP2	7-Days	OPC	55.3	42.9	50.3	49.5	
	14-Day	OPC	67.3	62.1	61.3	63.6	
	28-Days	OPC	71.9	83.2	81.1	78.7	
	7-Days	HESPC	73.2	81.2	65.5	73.3	
	14-Day	HESPC	85.9	74.9	77.4	79.4	
	28-Days	HESPC	98.4	96.4	96.5	97.1	
No-Heated SP2	7-Days	OPC	51.5	58.4	53.2	54.4	
	14-Day	OPC	61.8	69.3	62	64.4	
	28-Days	OPC	75.8	65.4	71.9	71.0	
	7-Days	HESPC	72.3	75.7	67.3	71.8	
	14-Day	HESPC	83.8	78.4	83.2	81.8	
	28-Days	HESPC	98.4	95	93.6	95.7	

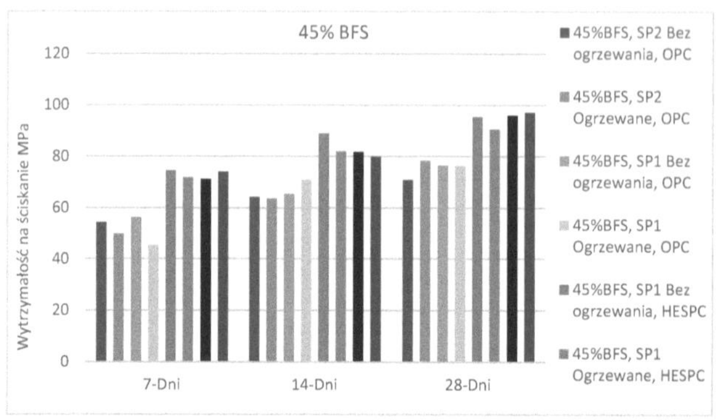

Rysunek -26 Wpływ stymulacji cieplnej SP z 45% BFS na wytrzymałość na ściskanie z przepływem jednostajnym

Tabela -14 Dane doświadczalne dotyczące stymulacji cieplnej SP z 60% BFS

Effect of Heat Stimulated SP with HESPC and OPC with 60% Replaced of BFS cement on Compressive Strength of Mortar While the flow was unitized

Condition of SP	Duration	Type of Cement	Compressive Strength			Average	Comments
			No-1	No-2	No-3		
Heated SP1	7-Days	OPC	36.3	44.2	46.8	42.4	
	14-Day	OPC	65.3	71.5	68	68.3	
	28-Days	OPC	75.3	70.2	69.4	71.6	
	7-Days	HESPC	61.3	54.2	63.2	59.6	
	14-Day	HESPC	73.3	65.9	69	69.4	
	28-Days	HESPC	90	79.3	87.6	85.6	
No-Heated SP1	7-Days	OPC	34.9	43.1	36	38.0	
	14-Day	OPC	70.3	62.1	63.2	65.2	
	28-Days	OPC	69.9	65.4	72.4	69.2	
	7-Days	HESPC	56.4	63.2	53	57.5	
	14-Day	HESPC	72.3	65.3	67.8	68.5	
	28-Days	HESPC	87.4	79.3	84	83.6	
Heated SP2	7-Days	OPC	51.3	58.1	57.3	55.6	
	14-Day	OPC	64.7	55.4	65.9	62.0	
	28-Days	OPC	71.9	68.7	69.3	70.0	
	7-Days	HESPC	57.2	65.2	58.8	60.4	
	14-Day	HESPC	65.3	75.9	69.4	70.2	
	28-Days	HESPC	93.2	87.2	90	90.1	
No-Heated SP2	7-Days	OPC	48.7	55.3	53.7	52.6	
	14-Day	OPC	59.2	65.3	62.7	62.4	
	28-Days	OPC	67.4	72.3	65.2	68.3	
	7-Days	HESPC	57.7	63.8	54.2	58.6	
	14-Day	HESPC	65.4	69.3	64.5	66.4	
	28-Days	HESPC	93.2	94.2	84.2	90.5	

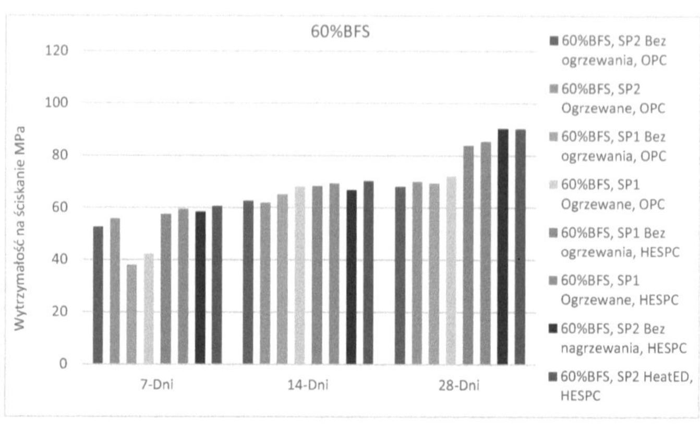

Rysunek -27 Wpływ stymulacji cieplnej SP z 60% BFS na wytrzymałość na ściskanie przy przepływie jednostajnym

Stymulacja cieplna i opóźnienie dodawania SP nie ma znaczącego wpływu na wytrzymałość zaprawy na ściskanie. Stymulacja cieplna i opóźnienie dodawania superplastyfikatorów spowodowane zwiększeniem przepływu i zawartości powietrza oraz zmniejszeniem gęstości i wytrzymałości na ściskanie zaprawy. W tym przypadku przepływ został zjednoczynywany niż analizowany wynik, wynik pokazuje, że stymulacja cieplna i opóźniony dodatek SP nie ma istotnego wpływu na wytrzymałość na ściskanie zaprawy w większości przypadków stymulacji cieplnej orurowania powoduje zwiększenie wytrzymałości zaprawy na ściskanie.

4.2.3 Ultradźwiękowe testy prędkości pulsu dla wytrzymałości zaprawy na ściskanie

Prędkość impulsu w materiale zależy od jego gęstości i właściwości sprężystych. Te z kolei są związane z jakością i wytrzymałością materiału. W związku z tym możliwe jest uzyskanie informacji o właściwościach komponentów poprzez badania soniczne. Znany na całym świecie Pundit oferuje użytkownikom niezawodną i dokładną metodę określania właściwości sonicznych materiałów.

Metoda badania Ultrasonic Pulse Velocity w jej najbardziej podstawowym trybie nazywana jest czasem lotu. Odnosi się to do pomiaru czasu nadejścia impulsu ultradźwiękowego z jednego przetwornika do drugiego poprzez stałe medium. Puls ultradźwiękowy w tym przykładzie to fala p (lub fala kompresji). Prędkość impulsu ultradźwiękowego (UPV) obliczana jest przez podzielenie odległości pomiędzy przetwornikiem przez czas przybycia.

Pundit UPV Tester oferuje trzy metody transmisji. Można je zobaczyć na obrazku (po prawej). Sposób transmisji jest określony przez dostęp do powierzchni elementów betonowych i badaną charakterystykę. Pundit Lab posiada automatyczną funkcję do pomiarów pośrednich (fala powierzchniowa). (Rys. 1)

Wyniki UPV potwierdzają, że stymulacja cieplna SP zmieniła jednorodność mieszanki betonowej, a wyniki w rozdziale (4.1.2.2) zatwierdzają zmniejszenie gęstości betonu. Ponadto, doświadczenie to przeprowadza się na próbkach, które zostały wykonane z tego samego strumienia zaprawy i sprawdza się UPV.

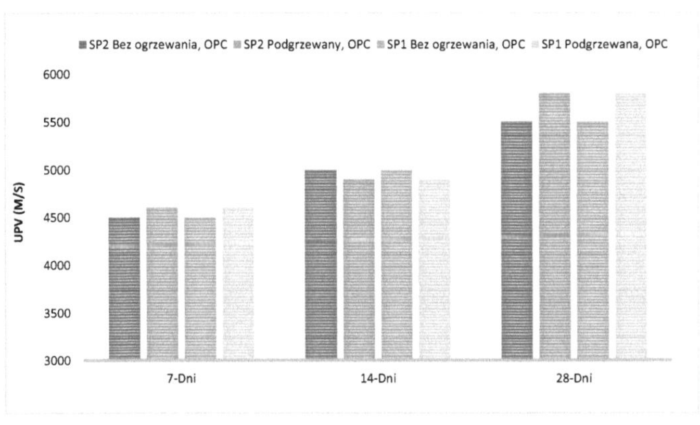

Rysunek -28 Wpływ stymulacji cieplnej SP na UPV przy 0%BFS

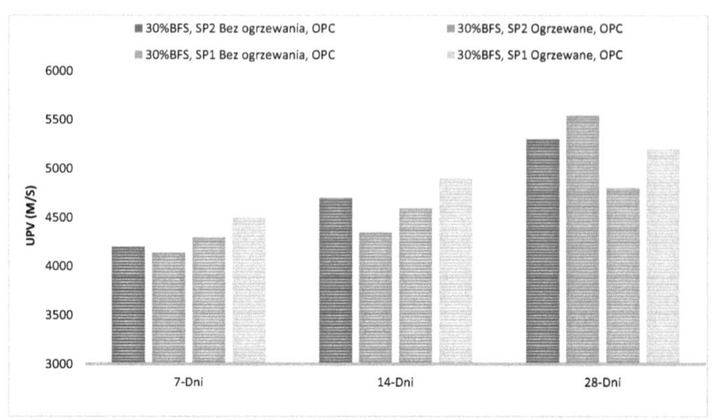

Rysunek -29 Wpływ stymulacji cieplnej na UPV przy 30% BFS

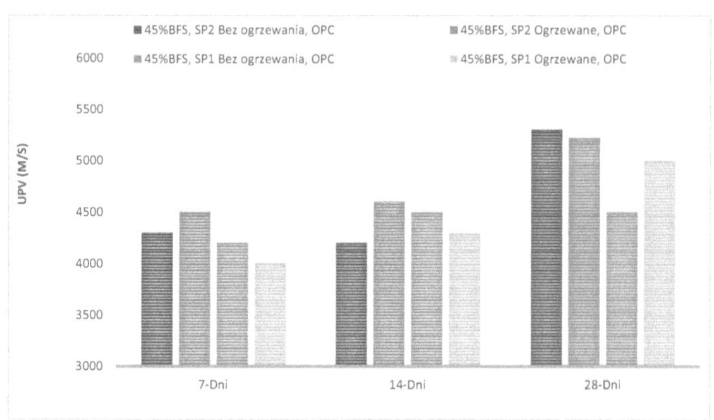

Rysunek -30 Wpływ stymulacji cieplnej na UPV przy 45% BFS

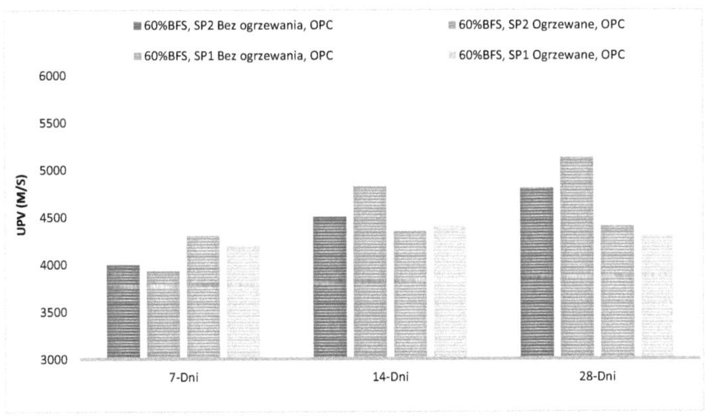

Rysunek -31 Wpływ stymulacji cieplnej na UPV przy 60% BFS

Stymulacja cieplna SP nie ma znaczącego wpływu na Ultrasonic Pulse Velocity, ale poprzez zwiększenie zawartości powietrza UPV została zwiększona, a poprzez zmniejszenie zawartości powietrza UPV została zmniejszona.

4.3 Wpływ stymulacji cieplnej na wielkość cząstek i masę cząsteczkową SP

4.3.1 Ocena zmian wielkości cząsteczek stymulowanych cieplnie SP

Badanie zmian wielkości cząstek w ogrzewanych SP1 i SP2. Do określenia ich różnicy wykorzystano metodę DLS. SP1 i SP2 zostały rozcieńczone 150 razy ultra czystą wodą i przeprowadzono zabieg oczyszczania filtra (0,45 μm). Następnie pomiar DLS wykonywany był w sposób ciągły przez trzy godziny. Natężenie światła rozproszonego (I) jest funkcją koncentracji, wielkości i masy cząsteczkowej materiału. Intensywność światła rozproszonego dla próbek SP2 jest widoczna na rys. 4.32.

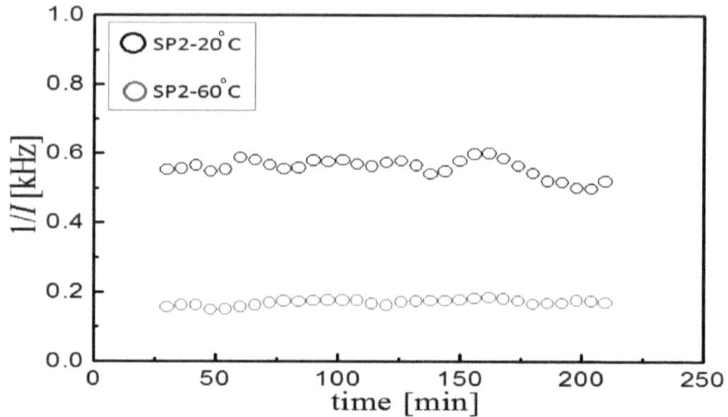

Rysunek -32 Intensywność światła rozproszonego dla SP1

Po obróbce cieplnej intensywność rozproszonego światła 1/I jest około 3,2 razy większa dla SP2 przez obróbkę cieplną i jest utrzymywana przez co najmniej 3 godziny.

Wykres funkcji rozkładu czasu relaksu$g^{(1)}(\tau)$ a czas relaksu (τ) dla próbek SP2 pokazano na rys. 4.33.

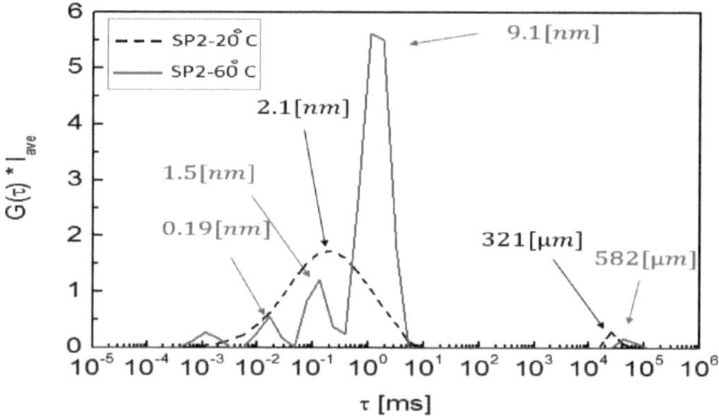

Rysunek -33 Rozkład relaksacji VS Czas relaksacji dla SP2

Rh (Radia hydrodynamiczne) jest cechą charakterystyczną dla wielkości cząstek materiału. Po obróbce cieplnej SP, Rh=9,1[nm] dla SP2. Te cząstki o dużych rozmiarach (□h=321[μ□] *and* 582[μ□]) uznano za błąd.

Natężenie światła rozproszonego dla próbek SP1 jest widoczne na rys. 4.34. Przez zastosowanie obróbki cieplnej intensywność rozproszonego światła 1/I jest około 1,5 raza większa dla SP1 przez obróbkę cieplną i jest utrzymywana przez co najmniej 3 godziny.

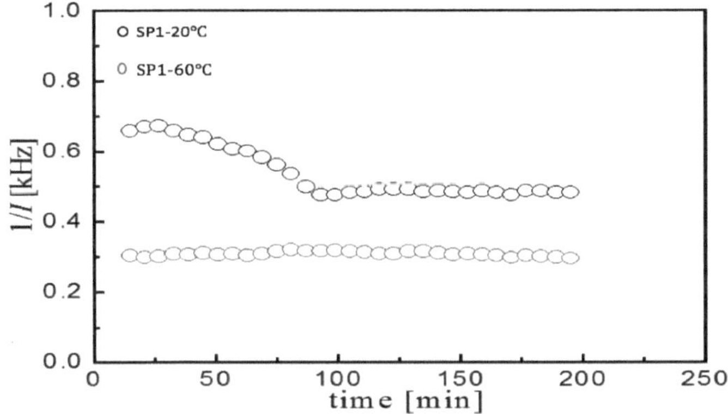

Rysunek -34 Intensywność światła rozproszonego dla SP1

Wykres funkcji rozkładu czasu relaksu $g^{(1)}(\tau)$ a czas relaksu (τ) dla próbek SP3 są widoczne na rys. 4.35.

Rysunek -35 Rozkład relaksacji Czas relaksacji VS dla SP1

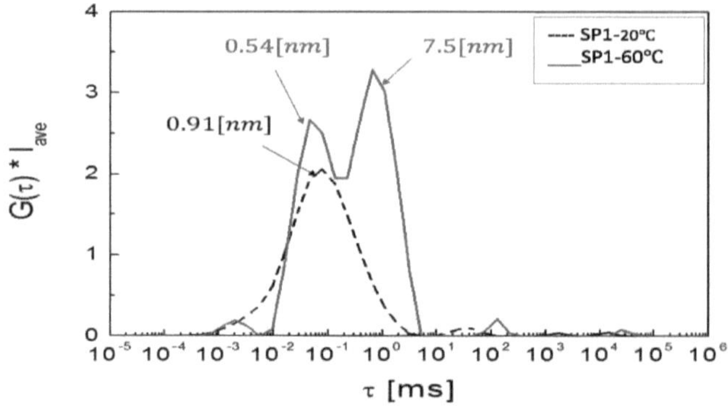

Po obróbce cieplnej SP, zmiany wielkości cząstek SP1 były widoczne, R $_h$ = 0,54 [□□] - 7,5 [□□] stały się dominujące. Zmiany dużych rozmiarów są uważane za błędy.

Jak pokazują wyniki testu DLS, znaczne zmiany w wielkości cząstek SP nastąpiły w wyniku zastosowania techniki stymulacji termicznej.

4.3.2 Ocena zmian masy cząsteczkowej ciepła stymulowanego SP

Masa cząsteczkowa superplastyfikatorów polikarboksylanowych ma nadmierny wpływ na właściwości układów cementowych. Frakcja polikarboksylanowa o najwyższym ciężarze cząsteczkowym przyspieszała wczesne uwodnienie cementu, ale powodowała słabą dyspersję i retencję dyspersyjną. Wyniki chromatografii zarówno dla SP1, jak i SP2 przedstawiono na rys. 4.27.

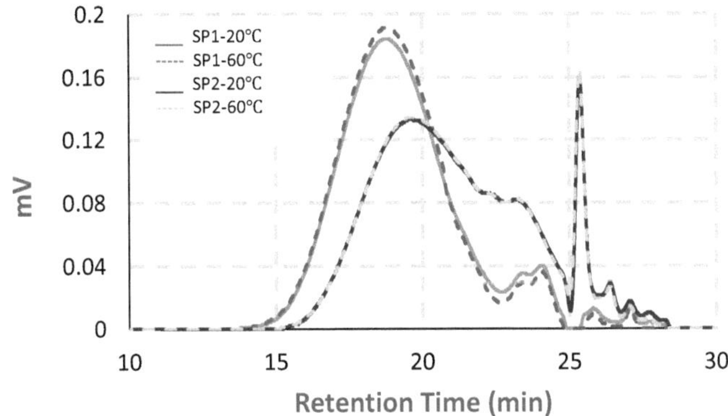

Rysunek -36 masy cząsteczkowej SPs

Jak podano w punkcie (4.3.1) zmiany natężenia światła rozproszonego zależą również od ciężaru cząsteczkowego polimeru superplastyfikatora. W celu zadeklarowania zmian wielkości cząstek polimeru nadplastyfikatora w wyniku stymulacji cieplnej konieczne jest zbadanie możliwości zmian ciężaru cząsteczkowego nadplastyfikatora.

Aby ocenić zmiany ciężaru cząsteczkowego superplastyfikatora, należy wykonać badania chromatografii cieczowej na dwóch próbkach SP1 i SP2.

Wyniki sprawozdania z chromatogramu wykazały, że zmiany masy cząsteczkowej są bardzo małe i nieistotne dla próbek z SP1 i SP2.

Chapter 5:- Wniosek

W wyniku badań oceny zmian wywołanych stymulacją cieplną w działaniu dyspersyjnym superplastyfikatorów na cząstki cementu badano efektywność różnych rodzajów cementu o różnej ilości BFS na świeże i utwardzone właściwości zaprawy. W ten sposób wyjaśniono wyzwania związane z badaniami, a następnie przedstawiono zalecenia, ograniczenia i przyszłe badania.

5.1 Omówienie wyników

Polimery na bazie polikarboksylanu w kształcie grzebienia to ostatnia generacja SP lub reduktora wody wysokiego zasięgu. Są one adsorbowane na cząsteczkach cementu i działają jako środek dyspergujący. W niniejszym raporcie zbadano dwa rodzaje superplastyfikatorów: SP1 lub mieszankę gotową oraz SP2 lub typ prefabrykowany. SP1 poprawia płynność, zawartość powietrza i straty przepływu w porównaniu z SP2, ale SP2 poprawia gęstość i wytrzymałość na ściskanie w warunkach ogrzewanych i nieogrzewanych.

Cement OPC poprawia płynność zaprawy, dzięki stymulacji termicznej i opóźnieniu dodawania superplastyfikatora. Ponadto zwiększenie zawartości powietrza powoduje zmniejszenie gęstości, zwłaszcza superplastyfikatora typu SP1. Z drugiej strony, stymulacja cieplna SP spowodowała nieznaczne zmniejszenie strat przepływu zaprawy. Częściowe zastąpienie BFS cementem OPC powoduje zmniejszenie efektywności stymulacji cieplnej. Ponadto, zastąpienie BFS przez OPC i opóźnione dodanie SP powoduje zmniejszenie przepływu, szczególnie w przypadku nadplastyfikatora typu prefabrykowanego, a poprzez zwiększenie ilości BFS zmniejsza się utrata przepływu i wytrzymałość na ściskanie dla stanu podgrzanego i nieogrzanego nadplastyfikatora.

Technika stymulacji cieplnej SP z HESPC i BFS nieznacznie zwiększa płynność i nie ma znaczącego wpływu na zawartość powietrza i gęstość zaprawy oraz nieznacznie zmniejsza straty przepływu i zwiększa wytrzymałość na ściskanie w porównaniu z cementem OPC w każdym stanie.

Spodziewany wpływ techniki stymulacji termicznej na wzrost bocznych łańcuchów polimerowych był zgodny z wynikami badań wielkości cząstek Superplastyfikatorów pod wpływem obróbki cieplnej metodą dynamicznego rozpraszania światła (DLS) (sekcja 4.3.3). Natężenie światła rozproszonego jest funkcją wielkości cząstek, a także masy cząsteczkowej materii, dlatego też należy ocenić masę cząsteczkową.

5.2 Wyzwania

Ze względu na główny cel tego badania, jakim jest zbadanie wpływu stymulacji cieplnej Superplastyfikatorów oraz wpływu różnych innych czynników na świeże i stwardniałe właściwości zaprawy i betonu, w tych innowacyjnych i przełomowych badaniach pojawiło się pewne istotne wyzwanie. W badaniach tych zidentyfikowano kilka niespójności i wyzwań:

- Kilka informacji na temat wpływu temperatury na działanie mieszanek polikarboksylowych do superplastyfikatorów.
- Ograniczona literatura dotycząca wpływu stymulacji cieplnej Superplastyfikatora na świeże i utwardzone właściwości zaprawy lub betonu.
- Brak danych o bezpośrednim wpływie temperatury na strukturę chemiczną, wielkość cząstek i masę cząsteczkową polikarboksylowych superplastyfikatorów.
- Brak danych ze względu na zmienność typu cementu, efektywność stymulacji cieplnej była zróżnicowana.

5.3 Zalecenia

W technice stymulacji cieplnej zaleca się stosowanie gotowych mieszanek Superplastyfikatorów zamiast prefabrykatów, aby uzyskać lepsze wyniki stymulacji cieplnej Superplastyfikatorów w połączeniu

Cement OPC, ze względu na doskonały rezultat w postaci świeżej własności, należy stosować zamiast cementu BFS i HESPC.

Zrozumieć zróżnicowany wpływ ciepła stymulowanego SP z powodu zmienności typu cementu.

5.4 Ograniczenia

Maksymalna granica temperatury dla stymulacji cieplnej Superplastyfikatora wynosi 70°C, ze względu na zawartość substancji organicznych w RMC i związkach PC, istnieje możliwość uszkodzenia struktury Superplastyfikatora w wyższych temperaturach.

W tym badaniu technika stymulacji cieplnej zastosowana tylko na Superplastyfikatorach, zastosowanie tej techniki do innych chemicznych dodatków do betonu powinno być pod względem wymaganego bezpieczeństwa i wiedzy o produktach.

Efekt stymulacji cieplnej SP był zróżnicowany ze względu na zmienność rodzaju cementu. nie było wystarczająco dużo instrumentu, aby poznać przyczynę.

5.5 Wniosek

Głównie dzięki zastosowaniu techniki stymulacji cieplnej możliwe jest uzyskanie betonu i zaprawy o znacznie większej wytrzymałości. Poprzez zmniejszenie stosunku woda/cement przy określonej płynności, co zapewnia trwałość i jakość zaprawy lub betonu. Ponadto, przy pomocy techniki stymulacji cieplnej można zaprojektować i wyprodukować bardziej urabialny beton o stałej wytrzymałości na ściskanie.

Ponadto, wyniki tego badania są przydatne dla zakładów produkujących gotowe mieszanki betonowe, które magazynują domieszkę w zbiornikach na zewnątrz i pod bezpośrednim nasłonecznieniem. W ekstremalnie gorące dni w sezonie letnim istnieje duże prawdopodobieństwo wzrostu temperatury w zbiorniku magazynującym domieszkę, dlatego też wystąpią nieoczekiwane zmiany w świeżości i właściwościach mechanicznych zaprawy lub betonu. Ponadto (6-36) % SP jest oszczędzane w zależności od rodzaju SP i ilości BFS.

Wreszcie, na podstawie wyników badań wyciągnięto następujące wnioski:

- Dzięki podwyższeniu temperatury superplastyfikator typu RMC wykazuje lepszą płynność zaprawy niż typ PC, szczególnie przy zwiększonej ilości BFS.

- Wyniki z 24-godzinnego czasu ogrzewania SP wykazały znaczną poprawę przepływu w porównaniu z jednogodzinnym czasem ogrzewania.

- Największy popyt na SP zaobserwowano w przypadku cementu HESPC, a następnie OPC i BFS.

- Użycie BFS i opóźnione dodanie SP spowodowało zmniejszenie ilości SP, również zmniejszyło wydajność stymulacji cieplnej i straty przepływu.

- Zachowanie zaprawy w zakresie utraty przepływu przesunęło się na wyższy poziom płynności i utrzymywało się przez ponad godzinę.

- Opóźnienie czasu dodawania SP, zwiększyło przepływ i zawartość powietrza w moździerzu, ale zmniejszyło gęstość świeżej zaprawy.

- Stymulacja cieplna spowodowała zwiększenie wytrzymałości na ściskanie utwardzonej zaprawy.

- BFS przyczyna spadku wytrzymałości na ściskanie

- Wielkość cząstek SP wzrosła w wyniku stymulacji cieplnej, ale masa cząsteczkowa była prawie stała.

- Ciepło nawodnienia cementu zostało przyspieszone przez stymulację cieplną SP.

5.6 Przyszłe badania

Badana jest stymulacja cieplna superplastyfikatora, po raz pierwszy badania te zostały przeprowadzone na uniwersytecie w Tokai, dostępnych było kilka danych w tym zakresie i nie będzie to koniec tych badań, a misja nie została jeszcze zakończona. Temat stymulacji cieplnej superplastyfikatorów jest interesującym tematem i wiele rzeczy jest nieznanych w tym innowacyjnym temacie badań. Następujące przypadki są zalecane do przyszłych badań:

✓ Badanie połączonego efektu stymulowanych termicznie Superplastyfikatorów z różnymi rodzajami domieszek mineralnych i chemicznych w betonie i zaprawie.

✓ Badanie wydajności Superplastyfikatorów w temperaturach około 0°C.

✓ Badanie skuteczności techniki stymulacji cieplnej w zakresie tworzenia produktów nawadniających i mikrostruktury zaprawy.

✓ Badanie stanu stałego stymulacji cieplnej SPs i współgrać ze stanem płynnym.

✓ Badanie przyczyny zróżnicowanego wpływu ciepła stymulowanego SP z różnymi rodzajami cementu.

Referencje

P. K. Mehta i P. J. M. Monteiro, "Beton. Mikrostruktura, właściwości i materiały", Wydanie 3, 2013 r., str. 3. 281-288.

F. Winnefeld, S. Becker, J. Pakusch i T. Gotz, "Effects of the molecular architecture of comb-shaped superplasticizers on their performance in cementitious systems, 2007, str. 251-262".

M. Kinoshita, Recent development of new chemical admixtures, Kagakukogyo, (1998), str. 383-391.

M. S. Salehi, Z. Tahery, S. Sasaki, and S. Date, "Effect of Thermal Stimulation of Admixture to Workability of the Mortar", International Journal of Engineering and Technology, (2017), pp. 183-188.

Z. Tahery, F. Rahmanzai, S. Data, Effect of Delaying Addition of Heat Stimulated Superplasticizer on Fresh Properties of Mortar, Materials Science and Engineering Technology, (2017), str. 396-400.

Hewlett PC. Doświadczenie w stosowaniu superplastyfikatorów w Anglii. W: Malhotra VM, redaktor. Superplastyfikatory w betonie, SP 62-6. Detroit: American Concrete Institute, (1979), s. 101±22.

M. Uysal, K. Yilma, Wpływ domieszek mineralnych na właściwości betonu samozagęszczalnego, Cement & Concrete Composites, (2011), s. 771-776.

M. Uysal et al, the effect of mineral domieszki mineralne on mechanical properties, chloride jon-przepuszczalność i nieprzepuszczalność betonu samozagęszczalnego, Construction and Building Materials, (2012), s. 263-270.

K.-C. Hsu et al, Effect of addition time of a superplasticizer on cement adsorption and on concrete workability, Cement & Concrete Composites, (1999), pp. 425±430.

H. El-Didamony, M. Heikal, I. Aiad, S. Al-Masry, Behavior of delayed addition time of SNF superplasticizer on microsilica-sulphate resisting cement, Ceramics - Silikáty, (2013), s. 232-242.

M. Heikal, I. Aiad, influence of delaying addition time of superplasticizer on chemical process and properties of cement pasts, Ceramics - Silikáty, (2008), s. 8-15.

V. S. Ramachandran, J. J. Beaudoin, Z. Shihua "Control of slump loss in super plasticized concrete", 1989 pp. 107-111.

Felekog lu, H. Sarıkahya "Effect of chemical structure of polycarboxylate based superplasticizers on workability retention of self-compacting concrete", 2008 pp. 1972-1980.

Y. Li, C. Yang "study on dispersion, adsorption and flow retaining behaviour of cement mortars with TPEG-type polyether kind polycarboxylate superplasticizer", 2014 pp. 324-332.

S. Chandra, J. Bjornstrom "influence of superplasticizer type and dozage on slump loss of Portland cement" 2002 pp. 1613-1619.

G. Devi, E. John "Effect of re-dosing superplasticizer to regain slump on concrete" 2014, pp 139-143.

O. Boukendakdji, El. Kadry "Effects of granulated blast furnace slag and superplasticizer type on the fresh properties and compressive strength of self-compacting concrete" 2012 pp. 583-590.

A. Dubey, R. Chandak, R. K. Yadav "Effect of blast furnace slag powder on compressive strength of concrete", 08-2012.

K. Muzaffar, U. Ghani "Effect of blinding of Portland cement with GGBFS on the property of concrete" 8, 2004 pp. 329-334.

D. Suresh, K. Nagaraju "ground granulated blast slag in concrete", 8, 2015 pp. 76-82.

O. Boukendakdji, S. Kadri "Effect of slag on the rheology of fresh self-compacted concrete" 2009 pp. 2593-2598

R. M. Edmeades i P. C. Hewlett :Domieszki do cementu. W: Lea's Chemistry of Cement and Concrete. 4th edn, (H. Arnold (red)). John Wiley, Londyn, 1998, str. 837-896.

V. M. Malhotra: Superplastyfikatory, A Global Review with Emphasis on Durability and Innovative Concretes, SP 119-1, P-2, 1989 Ottawa Conference.

Komputer komputerowy Altcin. Domieszki: podstawowe składniki nowoczesnego betonu. Cement-Lime Concrete 2006; 5: 227-284.

L. Czarnecki, W. Kurdowski: Tendencje kształtujące przyszłość betonu. Konferencja DNI BETONU. Tradycja i nowoczesność, Wisła; 2006, s. 47-64.

KL. Scrivener, RJ. Kirkpatrick: Innowacje w użyciu i badania nad materiałami do cementowania. Cement and Concrete Research 2008; 38: 128-136.

A. Borsoi, S. Collepardi, L. Copolla, R. Troli, EM. Collepardi: Advances in superplasticizers for concrete mixtures. Il Cemento 1999; 69, 3: 234-244.

A. Ohta, T. Sugiyama, T. Uomoto: Badanie nad wpływem dyspergowania na dyspergowanie na bazie polikarboksylanów na drobne cząstki. Proceedings of the 6th CANMET/ACI International Conference on Superplasticizters and Other Chemical Admixtures in Concrete, 211. Ed. V.M. Malhotra, American Concrete Institute; 2000; SP-195-14, s. 359-379.

N. Spiratos, M. Pagé, NP. Mailvaganam, VM. Malhotra, C. Jolicoeur: Superplastyfikatory do betonu: podstawy, technologia i praktyka. 2nd ed. Quebec (Kanada): Markiz; 2006, s. 85-9.

W. Fan, F. Stoffelbach, J. Rieger, L. Regnaud, A. Vichot, B. Bresson, N. Lequeux: Nowa klasa modyfikowanych organosilanem superplastyfikatorów polikarboksylanowych o niskiej czułości siarczanowej. Cement and Concrete Research 2012, 42: 166-172.

Z. Zakka, R.L. Carrasquillo, J. Farbiarz: Variables affecting the plastic and hardened properties of superplasticized concrete, Proceedings of the Third CANMET/ACI International Conference on Superplasticizers and other Chemical Admixtures in Concrete, Ottawa, October 1989, ACI, Detroit, 1989, pp. 180 - 197, SP119.

G. Chiocchio, AE. Paolini: Optymalny czas na dodanie superplastyfikatorów do past cementowych Portland. Cement and Concrete Research 1985; 15(5):901±8.

H. Uchikawa, D. Sawaki, S. Hanehara: Wpływ rodzaju i czasu dodawania domieszek organicznych na strukturę kompozycji i właściwości świeżej masy cementowej. Cement and Concrete Research 1995; 25(2):353±64.

K.Yamada, T.Takahashi, S.Hanehara i M.Matsuhisa: Effects of polyethlene oxide chains on the performance of polycarboxylate-type water-reducers, Cem Concr Res 2005; 35, 5: 867-873.

R.J. Flatt, J. Zimmermann, C. Hampel, C. Kurz, L. Frunz, C. Plassard i E. Leśniewska: The role of adsorption energy in the sulfate-polycarboxylate competition, Holland T.C., Gupta P., Malhotra V.M., (Ed.) Ninth ACI International Conference on Superplasticizers and Other Chemical Admixtures in Concrete, Seville; 2009, s. 153-164.

Q. Ran, P. Somasundaran, C. Miao, J. Liu, S. Wu, J.i Shen: Effect of the length of the side chains of comb-like copolymer dispersants on dispersion and rheological properties of concentrated cement suspensions, Journal of Colloid and Interface Science 2009; 336: 2624-633.

D. Hamada, T. Sato, F. Yomoto i T. Mizunuma: Development of new superplasticizer and its application to self-compacting concrete, Proceedings of the 6th CANMET/ACI International Conference on Superplasticizers and Other Chemical Admixtures in Concrete, 211. Ed. V.M. Malhotra, American Concrete Institute; 2000, SP-195-17, s. 269-290.

K. Yamada, S. Ogawa, i S. Hanehara: Regulacja siły adsorpcji i dyspersji nadplastyfikatora typu polikarboksylan za pomocą stężenia jonów siarczanowych w fazie wodnej, Cem Concr Res 2001; 31, 3: 375-383.

H.H. Bache: Densified cement-based ultrafrafinine particle-based material, Proceedings of the 2th International Conference on Superplasticizer in Concrete, Ottawa; 1981, s. 185-213.

J.P. Baker, DR. Stephens, H.W. Blanch, i JM. Prausnitz: Swelling equilibria for acryloamide -based poliampholyte hydrogels, Macromolecules 1998; 25: 1955.

S. Chandra, and J. Bjornstrom: Influence of superplasticizer type and dozage on the slump loss of Portland cement mortars, Part II, Cem Concr Res 32 (2002) 1613-1619.

A. Zingg, F. Winnefeld, L. Holzer, J. Pakusch, S. Becker, R. Figi i L .Gauckler: Interakcja superplastyfikatorów na bazie polikarboksylanów z cementami zawierającymi różne substancje. C3A amounts, Cem Concr Composites 31 (2009) 153-162.

K. Yamada, T. Takahashi, S. Hanehara i M. Matsuhisa: Effects of the chemical structure on the properties of polycarboxylate-type superplasticizer, Cem Concr Res 30 (2) 2000 197-207.

W.F. Perenchio, D.A. Whiting i D.L. Kantro: Redukcja wody, utrata ciśnienia i porwane systemy pustek powietrznych, w..: V.M. Malhotra (Ed.), ACI SP 62, 1979, str. 137-156.

N.P. Mailvagnum: Straty w przepływającym betonie, w..: V.M. Malhotra (Ed.), ACI SP 62, 1979, str. 389-404.

K. Yoshioka, E. Tazawa, K. Kawai, i T. Enohata: Adsorpcyjne właściwości superplastyfikatorów na mineralnych składnikach cementu, Cem Concr Res 32 (10) 2001 1507-1513.

P. K. Mehta, i P. J. M. Monteiro: Beton: Mikrostruktura, właściwości i materiały, PINI, Sao Paulo, Brazylia, 2008.

T.C. Holland., P. Gupta, V.M. Malhotra: Ninth ACI International Conference on Superplasticizers and Other Chemical Admixtures in Concrete, Seville; 2009, s. 153-164.

J. Golaszewski, i J. Szwabowski: Wpływ superplastyfikatorów na zachowanie reologiczne świeżych zapraw cementowych, Cem Concr Res 34 (2004) 235 - 248.

P.F.G. Banfill: Reologia świeżego moździerza, Mag. Concr. Res. 43 (154) (1991) 13-21.

J.G. Cabrera: The Role of Admixtures in High Performance Concrete, Proceedings of the International RILEM Conference Monterrey, Mexico, 1999.

V.M. Malhorta, (Ed.): Superplastyfikatory i inne dodatki chemiczne w betonie, Kontynuacja Szóstej Międzynarodowej Konferencji CANMET/ACI, Nicea, Francja, 2000.

Zmodyfikowane z; https://www.sika.com/dms/...get/.../ViscoCrete.pdf.

H. Uchikawa, S. Hanehara i D. Sawaki, "The role of steric repulsive force in the dispersion of cement particles in fresh past prepared with organic domieszka," Cem Concr Res 27 (1) 1997 37-50.

F. Winnefeld, S. Becker, J. Pakusch i T. Gotz: Struktury polimerowe / stosunki własnościowe HRWRA w zakresie betonu", Postępy 8. międzynarodowej konferencji CANMET/ACI na temat ostatnich postępów w technologii betonu, Montreal, Kanada. 31 maja - 3 czerwca 2006 r., Suppl. Vol., str. 159-177.

C. Miao, Q. Tian, Q. Ran i J. Liu, Proc. 1st Int. Con. Na Microstrze. Related Durability of Cem. Comp., Nanjing, Chiny, (2008).

Q. Ran, J. Liu, Y. Yang, X. Shu, J. Zhang, i Y. Mao: Effect of Molecular Weight of Polycarboxylate Superplasticizer on Its Dispersion, Adsorption, and Hydration of a Cementitious System DOI: 10.1061/ (ASCE) MT.1943-5533.0001460.

K. Luke i A. Torres: Influence of Temperature and Retarder on Superplasticizer Performance International Concrete Abstracts Portal. ACI, Vol., str. 302 93-112.6.1.2015.

JIS A 1101: "Metoda badania na opadanie betonu". Japońska Norma Przemysłowa.

JIS A 1108: "Metoda badania wytrzymałości betonu na ściskanie". Japońska Norma Przemysłowa.

JIS A 1128: "Metoda badania zawartości powietrza w świeżym betonie metodą objętościową". Japońska Norma Przemysłowa.

Printed by Books on Demand GmbH, Norderstedt / Germany